机电一体化系列教材

机 械 制 图 与 AutoCAD

主编　金春凤　刘　欢　浦嘉浚
主审　王　墅

苏 州 大 学 出 版 社

图书在版编目(CIP)数据

机械制图与 AutoCAD／金春凤,刘欢,浦嘉浚主编
. —苏州:苏州大学出版社,2018.12
机电一体化系列教材
ISBN 978-7-5672-2730-9

Ⅰ.①机… Ⅱ.①金…②刘…③浦… Ⅲ.①机械制
图—AutoCAD 软件—高等职业教育—教材 Ⅳ.①TH126

中国版本图书馆 CIP 数据核字(2018)第 291997 号

机械制图与 AutoCAD

金春凤 刘 欢 浦嘉浚 主编
责任编辑 周建兰

苏州大学出版社出版发行
(地址:苏州市十梓街 1 号 邮编:215006)
苏州工业园区美柯乐制版印务有限责任公司
(地址:苏州工业园区东兴路 7-1 号 邮编:215021)

开本 787mm×1 092mm 1/16 印张 15.25 字数 343 千
2018 年 12 月第 1 版 2018 年 12 月第 1 次印刷
ISBN 978-7-5672-2730-9 定价:40.00 元

苏州大学版图书若有印装错误,本社负责调换
苏州大学出版社营销部 电话:0512-67481020
苏州大学出版社网址 http://www.sudapress.com
苏州大学出版社邮箱 sdcbs@suda.edu.cn

前 言 Preface

本教材致力于为高职高专的人才培养目标服务,体现应用性和实用性,同时兼顾学生的可持续发展。本书主要体现了以下特色与创新:

1. 教学内容增加企业的实际案例。依据"工学结合专班"在企业实习和岗位要求,结合企业实际案例编写本教材,教材内容与学生的实践环节相结合,理论联系实际。

2. 教学手段与教学方法改革并举。课堂上采用灵活多样的互动式教学方法,开展互动式教学;机械识图与 AutoCAD 绘图有机结合,采用将二维图形与三维建模进行穿插教学的方法,激发了学生的学习兴趣,提高了教学质量。

3. 由以教师为中心转变为以学生为中心的教学创新,体现以学生为主体,让学生通过两门课程的融合,动手建立三投影面体系和确定三视图的位置关系,逐步理解和掌握三视图的形成过程。

4. 由以课本为中心转变为以项目为中心。

5. 由以课堂为中心转变为以企业为中心。

6. 以掌握概念、强化应用为教学重点,着重培养学生联系实际分析问题和解决问题的能力。把以前《机械制图》中强调的手工几何绘图部分用计算机绘图代替,避免有基础的学生对所学知识产生疲惫心理。

7. 在保留理论够用的前提下,精选教学内容,并将它们重新组合,保证了在有限的课时内完成高质量的教学任务。

本教材由金春凤、浦嘉浚、刘欢主编。具体编写分工如下:项目一、二、四、八由浦嘉浚编写;项目三、五、九由金春凤编写;项目六、七、十由刘欢编写。全书由金春凤统稿。

本教材在编写过程中参考了许多文献资料和相关教材,在此表示感谢。

由于编者水平有限,教材中难免有疏漏不足之处,欢迎专家、读者批评指正。

目 录 Contents

项目一　制图的基本知识和技能的了解

学习目标

- 掌握国家标准的基本规定。
- 掌握图样中的尺寸标注方法。
- 熟练掌握绘图工具的使用方法,能正确使用绘图仪器。
- 熟练掌握平面作图的基本方法。
- 熟练掌握使用 AutoCAD 进行计算机辅助绘图的技能。

任务一　掌握国家标准的基本规定

▶▶ 任务引导

图样是现代机械制造过程中重要的技术文件之一,是准确表达机械或仪器等形状、结构和大小,根据投影原理、标准或有关规定画出的图。

▶▶ 任务要求

掌握国家标准中图纸幅面、比例、字体、图线、尺寸标注等的基本规定。

▶▶ 任务实施

一、图纸幅面及格式（GB/T 14689—2008）

1. 图纸幅面

为了便于进行图样的管理,绘制图样的图纸,其幅面的大小和格式必须遵循国标中的规定。由表 1-1 可知,图幅有 A0、A1、A2、A3、A4 号,共五种。

表 1-1　基本幅面 单位:mm

幅面代号	A0	A1	A2	A3	A4
$B \times L$	841×1189	594×841	420×594	297×420	210×297
e	20		10		
c	10			5	
a	25				

当基本幅面不能满足需要时,可用加长幅面。加长幅面的尺寸由基本幅面的短边乘整数倍增加后得到。各种幅面的关系如图 1-1 所示。

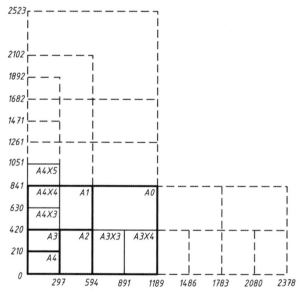

图 1-1　图纸幅面

2. 图框格式

在图纸上,图框线必须用粗实线绘制。图框有两种格式:不留装订边和留装订边。同一产品中所有图样均应采用同一种格式。

不留装订边的图纸,其图框格式如图 1-2(a)所示。

留装订边的图纸,其图框格式如图 1-2(b)所示。

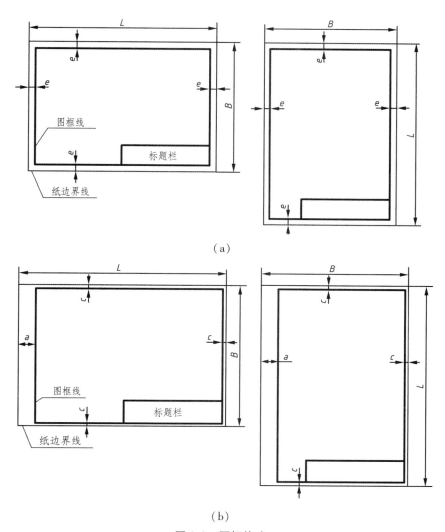

（a）

（b）

图1-2　图框格式

二、比例（GB/T 14690—1993）

图样及技术文件中的比例是指图形与其实物相应要素的线性尺寸之比。比值为 1 的比例为原值比例，即 1∶1；比值大于 1 的比例为放大比例，如 2∶1 等；比值小于 1 的比例为缩小比例，如 1∶2 等。在条件允许的情况下应优先使用原值比例。

绘制图样时，应优先选用表 1-2 中的比例，必要时也允许选用表 1-3 中的比例。

表 1-2　比例系列（一）

种　类	比　例		
原值比例	1:1		
放大比例	5:1 $5 \times 10^n:1$	2:1 $2 \times 10^n:1$	10:1 $1 \times 10^n:1$
缩小比例	1:2 $1:2 \times 10^n$	1:5 $1:5 \times 10^n$	1:10 $1:1 \times 10^n$

注：n 为正整数。

表 1-3　比例系列（二）

种　类	比　例				
放大比例	4:1 $4 \times 10^n:1$	2.5:1 $2.5 \times 10^n:1$			
缩小比例	1:1.5 $1:1.5 \times 10^n$	1:2.5 $1:2.5 \times 10^n$	1:3 $1:3 \times 10^n$	1:4 $1:4 \times 10^n$	1:6 $1:6 \times 10^n$

注：n 为正整数。

在应用比例时应注意以下两点：

① 同一机件的各个视图应采用相同比例，并在标题栏中注明。当某个视图采用不同比例时，必须在该视图名称下方或者右侧注明比例。

② 无论视图按何种比例绘制，所注尺寸应按所表达机件的实际大小注出，且为机件的最后完工尺寸。

三、字体字号（GB/T 14691—1993）

图样中书写的汉字、数字和字母必须做到"字体端正、笔画清楚、间隔均匀、排列整齐"。字体的号数即字体的高度（用 h 表示，单位:mm），分别有 1.8、2.5、3.5、5、7、10、14、20 共 8 种，如需书写更大的字，其字体高度按 $\sqrt{2}$ 的比例递增。

1. 汉字

图样上的汉字应写成长仿宋体，并采用国家标准推行的简化字。汉字的字号不应小于 3.5 号。其字宽一般为 $\dfrac{h}{\sqrt{2}}$。

2. 字母和数字

字母和数字分 A 型和 B 型两种形式。A 型字体笔画宽度 d 为字高 h 的 $\dfrac{1}{14}$，B 型字体笔画宽度 d 为字高 h 的 $\dfrac{1}{10}$。同一图样只能采用同一种形式的字体，我国一般采用 A 型字体。

字母和数字分直体和斜体两种，但在同一图样上只能采用一种书写字体。常用斜体，其字头向右倾斜,与水平线成75°。

四、图线(GB/T 17450—1998,GB/T 4457.4—2002)

常用图线的形式、名称以及用途见表1-4。图线分为粗、细两种,粗线的宽度 d 应按照图样的大小在 0.5 ~ 2mm 之间选择;细线的宽度为 0.5d。图线宽度系列为:0.25mm、0.35mm、0.5mm、0.7mm、1mm、1.4mm、2mm,优先采用 0.5mm 和 0.7mm。

表1-4　图线的形式、名称及用途

图线名称	图线形式	图线宽度	一般应用举例
粗实线	———————	d	可见轮廓线
细实线	———————	$d/2$	尺寸线及尺寸界线 剖面线 重合断面的轮廓线 过渡线
细虚线	– – – – – – –	$d/2$	不可见轮廓线
细点画线	—— · —— · ——	$d/2$	轴线 对称中心线
粗点画线	—— · —— · ——	d	限定范围表示线
细双点画线	—— · · —— · · ——	$d/2$	相邻辅助零件的轮廓线 轨迹线 极限位置的轮廓线 中断线
波浪线	～～～	$d/2$	断裂处的边界线 视图与剖视图的分界线
双折线	—⋀—⋀—	$d/2$	
粗虚线	▬ ▬ ▬ ▬ ▬ ▬	d	允许表面处理的表示线

图线的画法:

同一图样中,同类图线的线宽应一致。虚线、点画线及双点画线的线段长短和间隔应各自一致。

两条平行线之间的距离不小于 2d,其最小距离不得小于 0.7mm。

绘制圆的对称中心线时,应超出圆外 2 ~ 5mm,首末两端应是线段,而不是短画。较小图形上绘制点画线或双点画线可用细实线代替。

点画线、虚线和其他图线相交时,均应用线段绘制。

图线应用实例如图 1-3(a)所示。

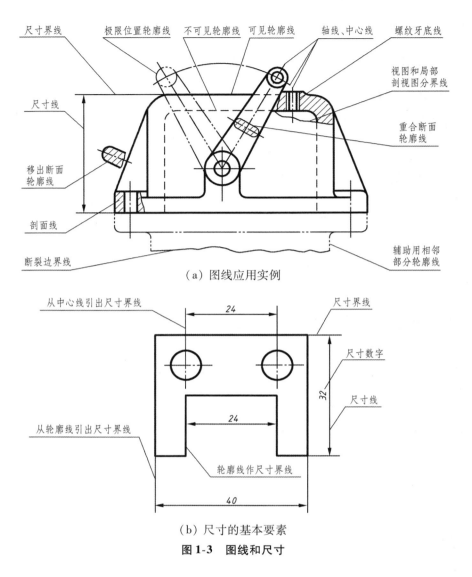

（a）图线应用实例

（b）尺寸的基本要素

图 1-3　图线和尺寸

五、尺寸标准

1. 识读尺寸的基本规则

机件的真实大小应以图样上所注的尺寸数值为依据，与图形的大小及绘制的准确度无关。

图样的尺寸以 mm 为单位时不需标注计量单位的代号和名称。如采用其他单位，则必须注明相应的计量单位的代号或名称，如 30°、cm、m 等。

图样中所标注的尺寸，应为该图样所示机件的最后完工尺寸，否则另行说明。

机件的每一尺寸，一般只标注一次，并应标注在反映该结构最清楚的图形上。

2. 尺寸标注

在图样中，零件的大小由尺寸来表明。尺寸标注得是否清晰、合理、正确，直接关系到加工者能否准确地识读及加工零件。

（1）尺寸的组成

每个尺寸都由尺寸界线、尺寸线和尺寸数字三个要素组成。

（2）尺寸线

尺寸线用细实线绘制。尺寸线的终端用箭头指向尺寸界线,也允许用45°细实线代替箭头,但同一张图样上只能用一种形式。

（3）尺寸数字

一般注写在尺寸线的上方或中断处。

尺寸标注如图1-3（b）所示。

任务二　绘制简单图样

▶▶ 任务引导

图样中的各种图形,一般都是由直线和曲线按一定的几何关系绘制而成的。作图时,需要正确利用绘图工具,按照图形的几何关系依次完成。

▶▶ 任务要求

能够正确使用绘图工具和仪器,掌握线段、角度、圆周的等分和正多边形的作图方法,掌握斜度和锥度的概念、画法上的区别,掌握圆弧连接的画法。

▶▶ 任务实施

一、绘图工具的使用

1. 图板

图板是用来铺放和固定图纸的,其表面必须平坦、光洁,左右两导边应平直。图纸可固定在图板上。

2. 丁字尺

丁字尺由尺头和尺身组成。丁字尺是用来画水平线的。使用丁字尺时,可用左手握住尺头推动丁字尺沿左侧导边上下滑动,待移到要画水平线的位置后,按住丁字尺绘制水平线,如图1-4所示。

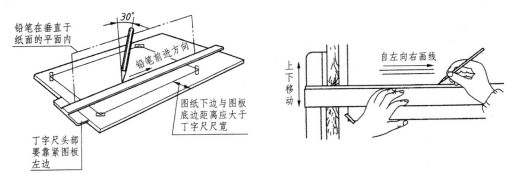

图 1-4　图板与丁字尺

3. 三角板

一副三角板包括 45°×45° 和 30°×60° 各一块。三角板与丁字尺配合，可画出一系列不同位置的铅垂线，还可画出与水平线成 30°、45°、60° 以及 15° 倍数角的各种倾斜线，如图 1-5 所示。

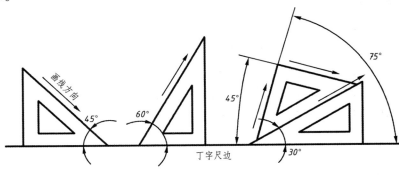

图 1-5　三角板

4. 圆规和分规

圆规［图 1-6（a）］主要用来画圆和圆弧。画圆时，应尽量使定心针和笔尖同时垂直纸面，定心针尖要比铅芯稍长些。当画较大圆时可接上延长杆。

分规［图 1-6（b）］可用来等分线段和量取线段。

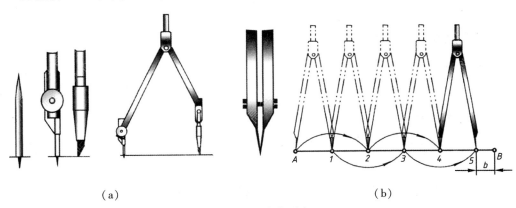

（a）　　　　　　　　　　　　　　　　　（b）

图 1-6　圆规与分规

5. 模板

模板是快速绘图的工具之一,可用于绘制常用的图形、符号、字体等。目前最常见的模板有椭圆模板、六角头模板、几何制图模板、字格符号模板等,如图 1-7 所示。绘图时,笔尖应紧靠模板,使画出的图形整齐、光滑。

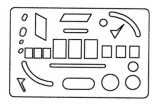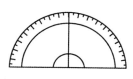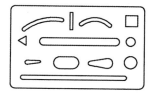

图 1-7　模板

二、线段和圆周的等分

1. 线段的等分

用平行线法将已知线段 *AB* 分成 *n* 等份(如六等份)的作法如图 1-8 所示。

作图步骤如下:

① 过端点 *A* 作直线 *AC*,与已知线段 *AB* 成任意锐角。

② 用分规在 *AC* 上以任意相等长度截取得 1、2、3、4、5、6 各点。

③ 连接 6*B*,并过 5、4、3、2、1 各点作 6*B* 的平行线,在 *AB* 上即得 5′、4′、3′、2′、1′各个等分点。

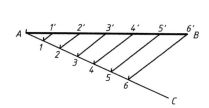

图 1-8　线段的等分

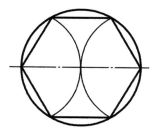

图 1-9　六等分圆

2. 圆的等分

(1)圆的六等份

利用三角板和丁字尺配合,可以很方便地作出圆的六等份,如图 1-9 所示。

(2)圆的五等份

圆的五等份及正五边形的作图步骤如下:

① 如图 1-10 所示,作 *OB* 的垂直平分线交 *OB* 于点 *P*。

② 以 *P* 为圆心,*PC* 长为半径,画圆弧交直径 *AB* 于点 *H*。

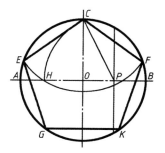

图 1-10　五等分圆

③ *CH* 即五边形的边长,等分圆周,得五等分点 *C*、*E*、*G*、*K*、*F*。

④ 连接圆周各等分点,即为正五边形。

三、斜度和锥度的绘制

1. 斜度

斜度是指一直线(或平面)相对于另一直线(或平面)的倾斜程度,其大小用两直线(或平面)间夹角的正切值来表示,并将比值表示为 1: *n* 的形式,如图 1-11 所示。

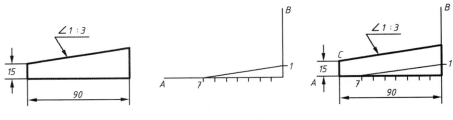

图 1-11 斜度

2. 锥度

锥度是指正圆锥体底圆直径与锥高之比。对于圆台,锥度应为两底圆直径之差与高度之比,如图 1-12 所示。锥度在图样上也以 1: *n* 简化形式表示。

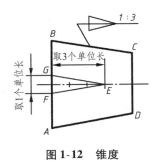

图 1-12 锥度

四、圆弧连接

在绘制平面图形时,经常会有一线段(圆弧)光滑地过渡到另一线段(圆弧)的情况。这种用已知半径的圆弧光滑连接另外两线段的方法称为圆弧连接。为保证连接光滑,就必须使线段与线段之间在连接处相切。因此,画圆弧连接的关键是求出连接圆弧的圆心和找出连接点(即切点)的位置。三种形式的圆弧连接画法如下:

1. 用圆弧连接两已知直线

与已知直线相切的圆弧,其圆心轨迹是一条与已知直线平行且距离为圆弧半径 *R* 的直线,切点则是自圆心向两已知直线所作垂线的垂足。图 1-13 所示即为用半径为 *R* 的圆弧连接两已知直线的作图方法。

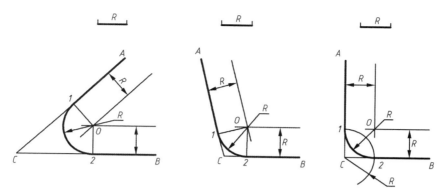

图 1-13　用圆弧连接两已知直线

2. 用圆弧连接两已知圆弧

与已知圆弧相切的圆弧,其圆心轨迹为已知圆弧的同心圆,该圆的半径依据相切的情况分为以下几种情况:a. 与已知圆弧相外切时,为两圆半径之和;b. 与已知圆弧相内切时,为两圆半径之差。两圆相切的切点在两圆的连心线(或其延长线)与已知圆弧的交点处。用圆弧连接两已知圆弧的画法如图 1-14 所示。

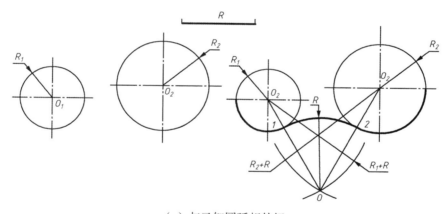

（a）与已知圆弧相外切

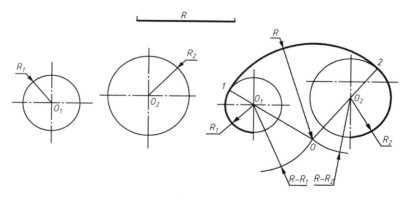

（b）与已知圆弧相内切

图 1-14　用圆弧连接两已知圆弧

3. 用圆弧连接一已知直线和一已知圆弧

用圆弧连接一已知直线和一已知圆弧,即为以上两种情况的综合,如图 1-15 所示。

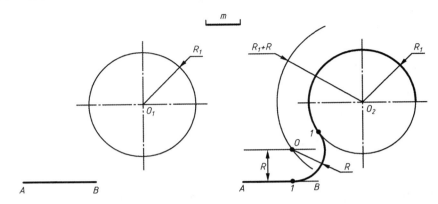

图 1-15 用圆弧连接一已知直线和一已知圆弧

任务三 绘制平面图形

▶▶ 任务引导

平面图形是由直线和曲线按照一定的几何关系绘制而成的,这些线段又必须根据给定的尺寸关系画出,所以画图之前要对平面图形中的各线段的有关尺寸或连接关系进行分析,通过确定线段性质,明确作图步骤,然后分线段画出,连接成一个完整的图形。

▶▶ 任务要求

掌握平面图形的尺寸基准选择、尺寸分析以及线段分析的方法。

▶▶ 任务实施

一、基准

标注尺寸的起点称为基准。平面图形中常用的基准有图形的对称线、大圆的中心线、重要的轮廓线等。如图 1-16 所示,手柄以水平轴线为垂直方向尺寸基准,以中间铅垂线为水平方向尺寸基准。

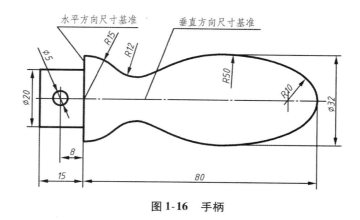

图 1-16　手柄

二、尺寸分析

1. 定形尺寸

确定平面图形上线段形状大小的尺寸称为定形尺寸,如线段长度、圆弧半径或直径、角度大小等。在图 1-16 所示手柄中, $\phi 20$ 和 15 确定矩形的大小; $\phi 5$ 确定小圆的大小; $R10$ 和 $R15$ 确定圆弧半径的大小。

2. 定位尺寸

确定平面图形上线段之间或图框之间相对位置的尺寸称为定位尺寸。在图 1-16 中, 80 是以中间的铅垂线为基准定 $R10$ 圆弧的中心位置; 8 是确定 $\phi 5$ 小圆的位置; $\phi 32$ 是以水平对称轴线为基准定 $R50$ 圆弧的位置。

三、线段分析

平面图形中各线段根据所注尺寸可分为以下几种:

1. 已知线段

定形、定位尺寸齐全的线段称为已知线段。图 1-16 中 $\phi 5$ 的圆, $R10$、$R15$ 的圆弧都是已知线段。画图时,可根据其定形、定位尺寸直接画出。

2. 中间线段

有定形尺寸,但是只有一个方向定位尺寸的线段称为中间线段,如图 1-16 中的 $R50$ 圆弧。画图时, $R50$ 的圆弧可根据其与 $R10$ 的圆弧相切,且有一个定位尺寸 $\phi 32$,求出其圆心、切点,从而作出该段圆弧。

3. 连接线段

只有定形尺寸而无定位尺寸的线段称为连接线段,如图 1-16 中的 $R12$ 的圆弧。画连接线段时,需根据与其相邻两线段的连接关系,用几何作图的方法画出。绘制 $R12$ 的圆弧时,可根据其与 $R15$ 及 $R50$ 的两圆弧相外切的几何关系,求出其圆心、切点,从而作出该段圆弧。

四、平面图形尺寸标注

标注尺寸的基本步骤如下：

① 分析图形各部分的构成,确定基准。

② 标注出定形尺寸。

③ 标注出定位尺寸。

五、绘制图形

① 绘制基准线,根据定位尺寸绘制定位线(中心线),如图 1-17(a)所示。

② 绘制已知线段,如图 1-17(b)所示。

③ 绘制中间线段,如图 1-17(c)所示。

④ 绘制连接线段,如图 1-17(d)所示。

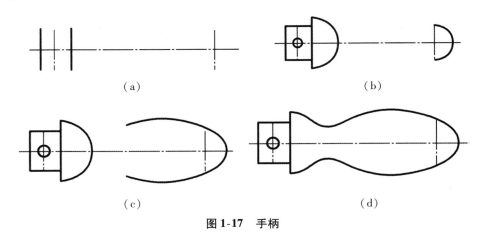

（a） （b）

（c） （d）

图 1-17　手柄

任务四　应用 AutoCAD 绘制平面图形

▶▶ 任务引导

AutoCAD 软件是计算机辅助设计的软件之一。随着工业设计的发展,计算机绘图已成为现在企业的主要绘图设计方式。

▶▶ **任务要求**

掌握 AutoCAD 绘图的基本操作。

▶▶ **任务实施**

一、基本操作

启动 AutoCAD 2012 后,用户进入其工作界面。用户界面主要由菜单栏、工具栏、绘图窗口、命令行窗口和状态栏组成,如图 1-18 所示。

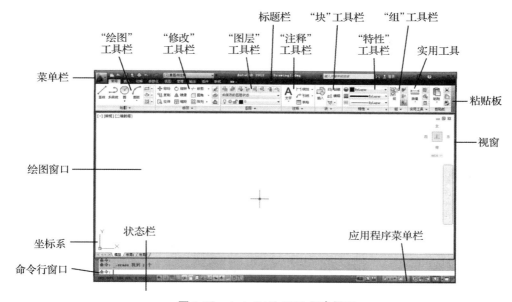

图 1-18　AutoCAD 2012 用户界面

1. 标题栏

标题栏位于工作界面的顶部,用于显示当前正在运行的 AutoCAD 2012 应用程序名称、控制菜单图标及打开的文件名等信息。如果是 AutoCAD 2012 默认的图形文件,其名称为 Drawingn. dwg(其中,n 代表数字,比如 Drawing1. dwg、Drawing2. dwg、Drawing3. dwg 等)。

单击标题栏左侧的控制菜单图标,将弹出窗口控制菜单,可以完成最大化、还原、移动、关闭窗口等操作。

2. 菜单栏

AutoCAD 2012 默认菜单栏共有 11 个菜单。单击某菜单或按【Alt】和菜单选项中带下划线的字母(如按【Alt】+【F】组合键和选择"文件"菜单)是等效的,将打开对应的下拉菜单,下拉菜单包括了 AutoCAD 的各种操作命令。对 AutoCAD 2012 菜单栏中有关选项说明如下：

● 不带任何内容符号的菜单项，单击该项可直接执行或启动该命令。

● 带有黑三角符号"▶"的菜单项，表明该菜单项后面带有子菜单，如图 1-19 所示。

● 带有省略号"..."的菜单项，选择该项后，会打开相应的对话框。如选择"修改"→"阵列"菜单，如图 1-20(a)所示，打开"阵列"对话框，如图 1-20(b)所示。

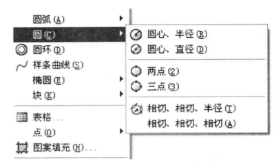

图 1-19 "圆"的下一级菜单

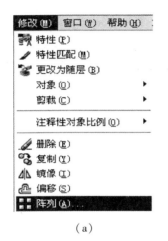

(a)

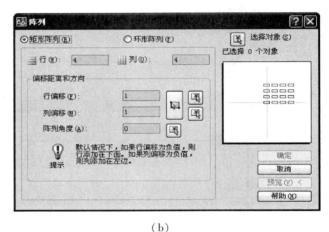

(b)

图 1-20 打开"阵列"对话框

● 菜单项呈灰色，表明该菜单在当前状态下不可用。

● 菜单选项后跟有组合键，表示不必打开下拉菜单，直接按下该组合键，即可执行相应的命令。

● 菜单选项后跟有字母键，表示打开该下拉菜单后，直接按该字母，即可执行相应的命令。如选择"文件"菜单，然后按【O】键，执行"打开"命令。

3. 工具栏

工具栏是 AutoCAD 为用户提供的执行命令的一种快捷方式。单击工具栏上的按钮，即可执行该按钮对应的命令。如果将光标移至工具栏按钮上停留片刻，则会显示该图标按钮对应的命令名。同时，在状态栏中将显示该图标按钮的功能说明和相应的命令名。

AutoCAD 中的工具栏可根据其所在的位置分为固定和浮动两种。固定的工具栏位于屏幕的边缘，其形状固定；浮动的工具栏可以位于屏幕中间的任何位置，可以修改其尺寸大小。用户可以将一个浮动的工具栏拖动到屏幕边缘，使之成为固定的工具栏；也可以将一个固定的工具栏拖动到屏幕中间，使之成为浮动的工具栏；还可以双击工具栏的标题栏，使之在固定和浮动状态之间切换。

"AutoCAD 经典"工作空间默认显示"标准"工具栏。用户可根据自己的需要打开或关闭相应的工具栏。操作方法是:在任意工具栏的空白处右击,弹出快捷菜单,用户在需要显示的工具栏前单击,系统会自动在该工具栏前标上"√",并弹出相应的工具栏,用户可根据需要将其拖放到绘图区的任意位置。

4. 绘图窗口

绘图窗口是用户绘图的工作区域,该区域无限大,其左下方有一坐标系图标,指示绘图区方位,图标中箭头分别指示 X 轴和 Y 轴方向。

当移动鼠标时,绘图区域中十字光标会跟随移动,与此同时,在绘图区底部的状态栏中将显示光标点的坐标值。

绘图窗口包含两种绘图环境:一种称为模型空间,另一种称为图纸空间。绘图窗口底部有 3 个选项卡  。默认情况下,"Model"处于打开状态,表示当前绘图环境是模型空间,用户在此环境中一般按实际尺寸绘制图形。当选择"布局 1"或"布局 2"选项卡时,切换到图纸空间,可将图纸空间想象成一张图纸,将模型空间的图样按不同比例布置在图纸上。

5. 命令行窗口

命令行窗口位于 AutoCAD 程序窗口的底部,用户输入的命令、系统提示及相关信息都显示在此窗口中,如图 1-21 所示。

```
命令: *取消*
命令: *取消*

命令:
```

图 1-21　命令行窗口

6. 状态栏

状态栏位于屏幕的最底端。左侧显示的是当前十字光标在绘图区位置的坐标值。如果光标停留在工具栏或菜单上,则显示对应命令和功能说明。中间是绘图辅助工具的开关按钮,包括"捕捉模式""栅格显示""正交模式""极轴追踪""对象捕捉""对象捕捉追踪""显示/隐藏线框和模型"等,如图 1-22 所示。单击其中某一按钮,当其呈凹下状态时表示将此功能打开,当其呈凸起状态时表示将此功能关闭。

图 1-22　状态栏

二、绘图环境设置

1. 设置图形单位

（1）概述

用户在使用 AutoCAD 2012 绘图前,首先要对绘图区进行设置,以便能够确定绘制的图样与实际尺寸的关系,便于绘图。一般情况下,在绘制图形之前需要先设置图形单位,然后设置图形界限。

图形中绘制的所有对象都是根据单位进行测量的。绘图前应该首先确定度量单位,确定一个单位代表的距离。没有特殊情况,一般保持默认设置。

（2）执行方法

- 命令行:输入"units",按【Enter】键。
- 菜单:"格式"→"单位"。

（3）操作步骤

① 选择"格式"→"单位"菜单,打开"图形单位"对话框,如图 1-23 所示。在该对话框中可以设置图形的长度、角度单位的类型和精度以确定所绘制对象的真实大小。

图 1-23 "图形单位"对话框

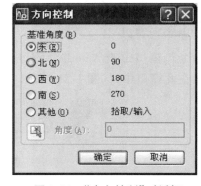

图 1-24 "方向控制"对话框

② 选择单位类型,确定图形输入、测量及坐标显示的值。长度选项的类型设有"分数""工程""建筑""科学""小数"5 种单位可供选择,一般情况下采用"小数"类型,这是符合国家标准的长度单位类型。长度类型的精度可选择小数单位的精度。

③ 在"图形单位"对话框中设置角度类型及精度。

④ 单击"方向"按钮,系统弹出"方向控制"对话框,如图 1-24 所示。在该对话框中,可以选择基准角度,通常以"东"作为 0°的方向。

2. 设置图形界线

（1）功能

图形界线用于标明用户的工作区和图纸的边界。设置图形界线就是为绘制的图形设置某个范围。

（2）执行方法

- 命令行:输入"limits",按【Enter】键。

● 菜单:"格式"→"图形界限"。

(3)操作步骤

选择"格式"→"图形界限"菜单,命令行提示如下:

指定左下角点或[开(ON)/关(OFF)] <0.00,0.00>:(输入要绘制图纸区域的左下角点的坐标)

指定右上角点<420.00,297.00>:(输入要绘制图纸区域的右上角点的坐标)

3.图层的设置与控制

(1)图层的作用

在 AutoCAD 2012 中,图形中通常包含多个图层,它们就像一张张透明的图纸重叠在一起。在机械、建筑等工程制图中,图形中主要包括基准线、轮廓线、虚线、剖面线、尺寸标注以及文字说明等元素。如果用图层来管理这些元素,不仅会使图形的各种信息清晰有序、便于观察,而且也方便图形的编辑、修改和输出。

在 AutoCAD 2012 中,所有图形对象都具有图层、颜色、线型和线宽 4 个基本属性。使用不同的图层、颜色、线型和线宽绘制不同的对象元素,可以方便地控制对象的显示和编辑,提高绘制复杂图形的效率和准确性。

(2)图层的设置

①"图层特性管理器"对话框的组成。

单击"格式"→"图层"菜单,或单击"图层"工具栏中的"图层特性管理器"按钮 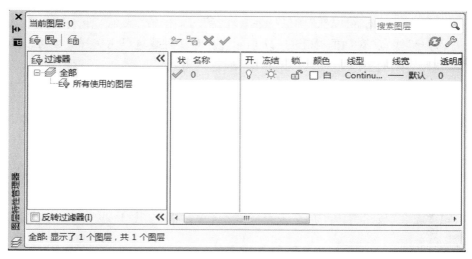,打开"图层特性管理器"对话框,如图 1-25 所示。在"过滤器"列表中显示了当前图形中所有使用的图层、组过滤器。在"图层"列表中,显示了图层的详细信息。

图 1-25 "图层特性管理器"对话框

② 新建图层与删除图层。

单击"图层"工具栏中的"图层特性管理器"按钮,打开"图层特性管理器"对话框,单击"新建图层"按钮 ，创建一个图层，并为其命名，设置线条颜色、线型、线宽等属性。

单击"在所有视口中都被冻结的新图层视口"按钮 ，也可以创建一个新图层，且该图层在所有的视口中都被冻结。单击"删除图层"按钮 ，可以将选中的图层删除。

③ 设置图层颜色。

新建图层后，要改变图层的颜色，可以在"图层特性管理器"对话框中单击图层的"颜色"列表，打开"选择颜色"对话框，如图1-26所示，在其中进行设置。

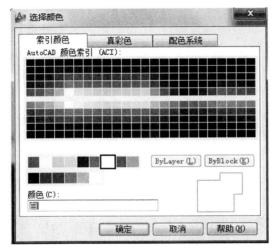

图1-26 "选择颜色"对话框

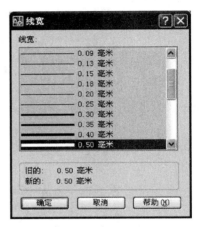

图1-27 "线宽"对话框

④ 设置线宽。

要设置图层的线宽，可以在"图层特性管理器"对话框的"线宽"列表中单击该图层对应的线宽，打开"线宽"对话框，如图1-27所示，有20多种线宽可供选择。也可以选择"格式"→"线宽"菜单，打开"线宽设置"对话框，通过调整线宽比例，使图形中的线宽变得更宽或更窄。

⑤ 设置线型。

线型是指图形基本元素中线条的组成和显示方式，如虚线和实线等。在 AutoCAD 2012 中既有简单线型，也有由一些特殊符号组成的复杂线型，以满足不同国家或行业标准的使用要求。在"图层特性管理器"对话框中单击该图层的线型名称，打开"选择线型"对话框，如图1-28所示。系统默认只提供"Continuous"线型，如需其他线型，可以在此对话框中单击"加载"按钮，打开"加载或重载线型"对话框，如图1-29所示，在其中选择某一种线型。

图 1-28　"选择线型"对话框

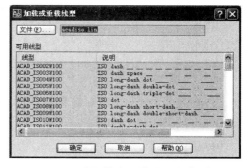
图 1-29　"加载或重载线型"对话框

⑥ 图层的几种状态。

● 开/关：当图层打开时，该图层上的对象可见，且能在其上绘图；关闭的图层不可见，但可绘图。

● 冻结/解冻：冻结的图层不可见，且不能在其上绘图。该图层上的对象不被刷新。解冻即解除图片不可见。

● 锁定/解锁：锁定的图层仍可见，能被捕捉，能在其上绘图，但是不能编辑图形。解锁即解锁图形锁定。

⑦ 设置当前图层。

用户可根据需要设置多个图层，但在绘制对象时只能在一个图层中进行，这个图层称为当前图层。将某个图层设置为当前图层的方法是：先选中该图层，然后单击"置为当前"按钮。

4. 绘图辅助工具的设置与使用

（1）栅格

"栅格"是一些标定位置的小点，类似于坐标纸的作用，可以提供直观的距离和位置参照。栅格在屏幕上显示，但不能打印出来。"栅格"的显示方法是：单击状态栏中的"栅格"按钮 ，若工作空间中显示出栅格点，即为打开；再单击该按钮，栅格消失，即为关闭。

为使栅格点的分布更合理，用户可以对栅格间距值、旋转角进行设置。设置的方法是：右击状态栏中的"栅格"按钮，在弹出的快捷菜单中选择"设置"命令，打开"草图设置"对话框，如图 1-30 所示，可在其中进行设置。

图 1-30　"草图设置"对话框

（2）捕捉

"捕捉"是指捕捉模型空间或图纸空间内的不可见点的矩形阵列，"捕捉"的开启与"栅格"相似。

（3）正交

单击状态栏上的"正交"按钮 正交，打开"正交"模式，能够方便地绘制出与当前 X 轴或 Y 轴平行或垂直的线段。也可以按【F8】键，打开或关闭"正交"模式。

（4）对象捕捉

① 打开和关闭"对象捕捉"模式的方法。

单击状态栏中的"对象捕捉"按钮 对象捕捉，使其凹下，即打开"对象捕捉"模式；再次单击则凸起，即关闭"对象捕捉"模式。

② 设置对象捕捉。

右击状态栏上的"对象捕捉"按钮，在弹出的快捷菜单中选择"设置"命令，弹出"草图设置"对话框，在"对象捕捉"选项卡中，选中"启用对象捕捉"复选框，如图 1-31 所示，然后选中所需对象捕捉模式的复选框，单击"确定"按钮。

图 1-31 "草图设置"对话框中的"对象捕捉"选项卡

三、绘制简单图形

绘制如图 1-32 所示手柄，无须标注尺寸。

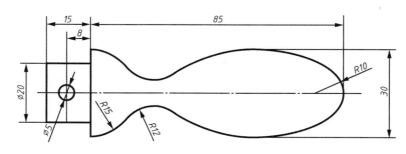

图 1-32 手柄样例

1. 直线命令

在 AutoCAD 2012 中，"line"命令所画的直线段是一幅图形中最基本的元素。执行"line"命令，可以在任意两点之间画直线段，也可以连续输入下一点绘制一系列连续的直线段,直到按【Enter】键或【Space】键结束"直线"命令。

（1）执行方法

- "绘图"工具栏：单击"直线"按钮 ⟋ 。
- 命令行：输入"line",按【Enter】键。
- 菜单："绘图"→"直线"。

（2）操作步骤

选择"绘图"→"直线"菜单,命令行提示如下：

命令：_line 指定第一点：(指定直线的起点,单击指定点或输入点的坐标)

指定下一点或［放弃（U）］：(指定直线段的端点)

指定下一点或［放弃（U）］：(输入下一直线段的端点,也可以右击或按【Enter】键确认)

指定下一点或［闭合（C）/放弃（U）］：(输入下一直线段的端点,或输入"c",使图形闭合)

2. 圆命令

AutoCAD 2012 提供了许多种画圆的方法,其中包括：以圆心、半（直）径画圆；以两点方式画圆；以三点方式画圆；以相切、相切、半径画圆；以相切、相切、相切画圆。

（1）执行方法

- "绘图"工具栏：单击"圆"按钮 ⊘ 。
- 命令行：输入"circle",按【Enter】键。
- 菜单："绘图"→"圆"。

（2）操作步骤

选择"绘图"→"圆"→"圆心、半径"菜单,命令行提示如下：

命令：_circle 指定圆的圆心或［三点（3P）/两点（2P）/相切、相切、半径（T）］：(指定圆心)

指定圆半径或［直径（D）］：(输入半径值,按【Enter】键确定)

3. 圆弧命令

单击"绘图"→"圆弧"菜单,或单击"绘图"工具栏中的"圆弧"按钮,都可以执行"圆弧"命令。在 AutoCAD 2012 中,圆弧的绘制方法有 11 种。不建议初学者使用此命令,遇到用圆弧连接的图形,可用"圆"命令配合"修剪"命令绘制。

4. 偏移命令

（1）功能

执行"offset"命令,可以创建一个与选定对象类似的新对象,并把它放在原对象的内侧或外侧,如图 1-33 所示。

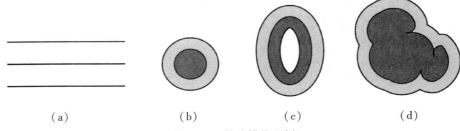

（a）　　　　　　（b）　　　　　　（c）　　　　　　（d）

图1-33　偏移操作示例

（2）执行方法

● "修改"工具栏：单击"偏移"按钮 ⬛。

● 命令行：输入"offset"，按【Enter】键。

● 菜单："修改"→"偏移"。

（3）操作步骤

选择"修改"→"偏移"菜单，命令行提示如下：

命令：_offset↙

当前设置：删除源＝否　　图层＝源　　OFFSETGAPTYPE＝0

指定偏移距离或［通过（T）/删除（E）/图层（L）］＜10.00＞：（指定偏移距离）

选择要偏移的对象，或［退出（E）/放弃（U）］＜退出＞：（选择要偏移的对象）

指定要偏移的那一侧上的点，或［退出（E）/多个（M）］/放弃（U）＜退出＞：（在偏移对象的内侧或外侧单击）

选择要偏移的对象，或［退出（E）/放弃（U）］＜退出＞：（继续选择要偏移的对象）

5. 修剪命令

（1）功能

执行"trim"命令，在指定剪切边界后，可连续选择被剪切边进行修剪。

（2）执行方法

● "修改"工具栏：单击"修剪"按钮 ⫣。

● 命令行：输入"trim"，按【Enter】键。

● 菜单："修改"→"修剪"。

（3）操作步骤

选择"修改"→"修剪"菜单，命令行提示如下：

命令：_trim↙

当前设置：投影＝UCS　　边＝无

选择剪切边…

选择对象：（单击选择要修剪的边界）

选择对象：（按【Enter】键结束命令）

选择要修剪的对象，或按住 Shift 键选择要延伸的对象，或［栏选（F）/窗交（C）/投影（P）/删除（R）/放弃（U）］：（单击选择要修剪的边）

选择要修剪的对象，或按住 Shift 键选择要延伸的对象，或［栏选（F）/窗交（C）/投影（P）/删除（R）/放弃（U）］：（按【Enter】键结束命令）

6. 椭圆命令

（1）功能

"椭圆"命令用于绘制椭圆和椭圆弧。绘制椭圆有多种方法，其中包括以椭圆的圆心和半轴绘制椭圆、以椭圆的两个端点和另一条长轴的长度绘制椭圆、以旋转方式绘制椭圆等。

（2）执行方法

- "绘图"工具栏：单击"椭圆"按钮 ◉ 。

- 命令行：输入"ellipse"，按【Enter】键。

- 菜单："绘图"→"椭圆"。

（3）操作步骤

选择"绘图"→"椭圆"→"中心点"菜单，命令行提示如下：

命令：_ellipse↙

指定椭圆的轴端点或［圆弧（A）/中心点（C）］：C↙

指定椭圆的中心点：（指定椭圆的中心点）

指定轴的端点：（指定椭圆第一条轴的端点）

指定另一条半轴长度或［旋转（R）］：（指定椭圆另一条轴的长度）

7. 手柄绘制步骤

（1）设置绘图环境

① 设置绘图单位。选择"格式"→"单位"菜单，设置长度精度为小数点后 2 位，角度精度为小数点后 1 位。

② 设置图形界限。选择"格式"→"图形界限"菜单，根据图形尺寸，将图形界限设置为 297×210。

③ 打开栅格，显示图形界限。

④ 打开图层管理器，创建图层。

⑤ 右击状态栏中的"对象捕捉"按钮，在弹出的快捷菜单中选择"设置"，弹出"草图设置"对话框。在"对象捕捉"选项卡中，选择"端点""交点""切点"复选框，单击"确定"按钮，设置捕捉模式为端点、交点、切点。为提高绘图速度，最好同时打开"对象捕捉""对象追踪""极轴"模式。

（2）绘制手柄

① 绘制基准线和定位线。

在图层下拉框中，选择"中心线"图层。利用"偏移"命令，绘制基准线，并根据各个封闭图形的定位尺寸画出定位线,如图 1-34 所示。

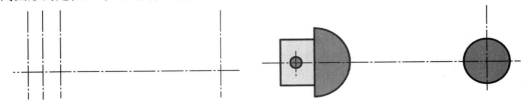

图 1-34　绘制基准线和定位线　　　　图 1-35　绘制已知线段及小圆

② 绘制已知线段及三个小圆。

利用"直线"命令,绘制已知尺寸为 20、15 的已知线段。利用"圆"命令,绘制 $\phi5$ 的圆;利用"圆"命令,绘制 $R15$、$R10$ 的圆,如图 1-35 所示。

③ 绘制中间线段。

● 绘制上侧 $R50$ 的圆。选择"绘图"→"圆"菜单,命令行提示如下:

命令:_circle↙

指定圆的圆心或[三点(3P)/两点(2P)/相切、相切、半径(T)]:T↙

指定对象与圆的第一个切点:(在距离中心线上侧为 15 处作辅助线,指定线上的某个点为第一个切点)

指定对象与圆的第二个切点:(指定 $R10$ 圆的某个点为第二个切点)

指定圆的半径<10.00>:50↙(绘制 $R50$ 的圆)

● 绘制下侧 $R50$ 的圆。再次选择"绘图"→"圆"菜单,命令行提示如下:

命令:_circle↙

指定圆的圆心或[三点(3P)/两点(2P)/相切、相切、半径(T)]:T↙

指定对象与圆的第一个切点:(在距离中心线下侧为 15 处作辅助线,指定线上的某个点为第一个切点)

指定对象与圆的第二个切点:(指定 $R10$ 的圆上的某个点为第二个切点)

指定圆的半径<50.00>:50↙(绘制 $R50$ 的圆)

修剪多余线段,完成的图形如图 1-36 所示。

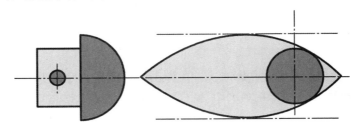

图 1-36　绘制中间线段

④ 绘制连接线段。

● 绘制上侧 $R12$ 的圆。选择"绘图"→"圆"菜单,命令行提示如下:

命令:_circle↙

指定圆的圆心或[三点(3P)/两点(2P)/相切、相切、半径(T)]:T↙
指定对象与圆的第一个切点:(指定 R15 圆上的某个点为第一个切点)
指定对象与圆的第二个切点:(指定 R50 圆上的某个点为第二个切点)
指定圆的半径<50.00>:12↙(绘制 R12 的圆)

● 绘制下侧 R12 的圆。再次选择"绘图"→"圆"菜单,命令行提示如下:
命令:_circle↙
指定圆的圆心或[三点(3P)/两点(2P)/相切、相切、半径(T)]:T↙
指定对象与圆的第一个切点:(指定 R15 圆上的某个点为第一个切点)
指定对象与圆的第二个切点:(指定 R50 圆上的某个点为第二个切点)
指定圆的半径<12.00>:12↙(绘制 R12 的圆)

修剪多余线段,完成的图形如图 1-37 所示。

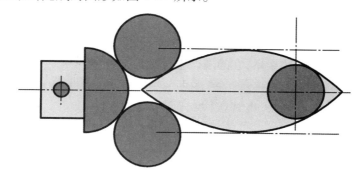

图 1-37 绘制连接线段

⑤ 修剪图形。

选择"修改"→"修剪"菜单,将多余线段修剪,如图 1-32 所示。

四、绘制棘轮

绘制如图 1-38 所示的棘轮。

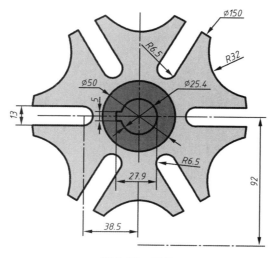

图 1-38 棘轮

1. 点的样式

（1）功能

"点样式"命令用于设置点的各种样式。

（2）执行方法

● 菜单："格式"→"点样式"。

（3）操作步骤

选择"格式"→"点样式"菜单，打开"点样式"对话框（图1-39），在该对话框中可以设置点的样式及点的大小。

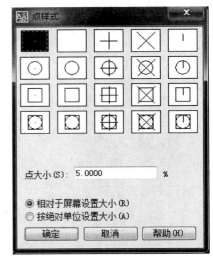

图1-39 "点样式"对话框

2. 点命令

（1）功能

"point"命令用于创建点。在 AutoCAD 2012 中，选择"绘图"→"点"→"单点"菜单，在绘图区中一次只能指定一个点；而选择"绘图"→"点"→"多点"菜单，在绘图区可以一次指定多个点，直到按"Esc"键结束命令。

（2）执行方法

● "绘图"工具栏：单击"点"按钮 ▪ 。

● 命令行：输入"point"，按【Enter】键。

● 菜单："绘图"→"点"→"单点"或"绘图"→"点"→"多点"。

（3）操作步骤

选择"绘图"→"点"→"单点"菜单，命令行提示如下：

命令：_point↙

当前点模式：PDMODE ＝ 0　　PDSIZE ＝ 0.0000

指定点：

3. 定数等分命令

（1）功能

"divide"命令将选中的对象用节点按一定的数量等分或者在等分点处插入图块。

（2）执行方法

● 命令行：输入"divide"，按【Enter】键。

● 菜单："绘图"→"点"→"定数等分"。

（3）操作步骤

选择"绘图"→"点"→"定数等分"菜单，命令行提示如下：

命令：_divide↙

选择要定数等分的对象:(单击要等分的线段)

输入线段数目或[块(B)]:(输入要等分线段的段数)

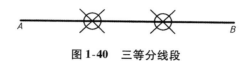

图 1-40　三等分线段

4.定距等分命令

（1）功能

"measure"命令将选中的对象用节点按一定的距离等分或者在等分点处插入图块,如图 1-40 所示。

（2）执行方法

- 命令行:输入"measure",按【Enter】键。
- 菜单:"绘图"→"点"→"定距等分"。

（3）操作步骤

选择"绘图"→"点"→"定距等分"菜单,命令行提示如下:

选择要定距等分的对象:(单击要等分的线段)

指定线段长度或[块(B)]:10✓(输入等分线段的线段长度为 10,见图 1-41)

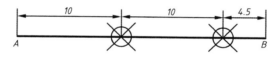

图 1-41　以 10 为等分距离等分线段

5.阵列命令

（1）功能

在绘制图形的过程中,有时需要绘制完全相同、成矩形或环形排列的一系列图形实体,可以只绘制一个,然后使用"array"命令进行矩形或环形复制。

对于环形阵列,阵列对象可以旋转,也可以不旋转;对于矩形阵列,阵列对象可以倾斜一定的角度。

（2）执行方法

- "修改"工具栏:单击"阵列"按钮 ⊞。
- 命令行:输入"array",按【Enter】键。
- 菜单:"修改"→"阵列"。

（3）操作步骤

选择"修改"→"阵列"菜单,打开"阵列"对话框,如图 1-42 所示。

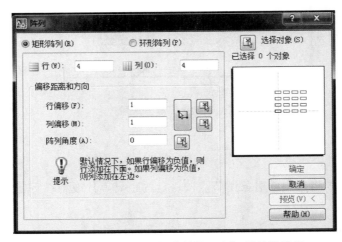

图 1-42 "阵列"对话框中的"矩形阵列"单选按钮

① 矩形阵列。

a. 选择对象。在"阵列"对话框中选择"矩形阵列"单选钮,然后单击"选择对象"按钮,命令行提示"选择对象:"时,选择要阵列的对象,命令行提示所选对象的数目,按【Enter】键确认。

b. 设置阵列参数。选择对象结束后,系统返回"阵列"对话框,在该对话框中设置"行""列""行偏移""列偏移""阵列角度"等参数,然后单击"确定"按钮,即可阵列所选对象。

② 环形阵列。

a. 选择对象。在对话框中选择"环形阵列"单选按钮(图 1-43),然后单击"选择对象"按钮,命令行提示"选择对象:"时,选择要阵列的对象,命令行提示所选对象的数目,按【Enter】键结束阵列对象的选择。

b. 设置阵列参数。选择对象结束后,系统返回"阵列"对话框,在该对话框中设置"项目总数""填充角度"等参数,然后单击"确定"按钮,即可阵列所选对象。

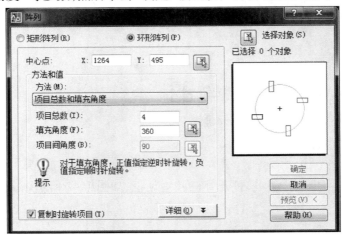

图 1-43 "环形阵列"对话框中的"环形阵列"单选按钮

6. 缩放命令

（1）功能

"scale"命令用于将选定对象按指定中心点进行比例缩放。它有两种缩放方式：选择缩放对象的基点，然后输入缩放比例因子；输入一个数值或拾取两点来指定一个参考长度，然后输入新的数值或拾取另外一点，则 AutoCAD 2012 计算两个数值的比率并以此作为缩放比例因子。

（2）执行方法

- "修改"工具栏：单击"缩放"按钮 。
- 命令行：输入"scale"，按【Enter】键。
- 菜单："修改"→"缩放"。

（3）命令行提示

选择"修改"→"缩放"菜单，命令行提示如下：

命令：_scale↙

选择对象：找到 1 个（选择要缩放的对象）

选择对象：（按【Enter】键，结束对象选择）

指定基点：（选择对象缩放的基点）

指定比例因子或［复制（C）/参照（R）］＜1.0000＞：（输入比例因子，按【Enter】键）

执行"缩放"命令的效果图如图 1-44 所示。

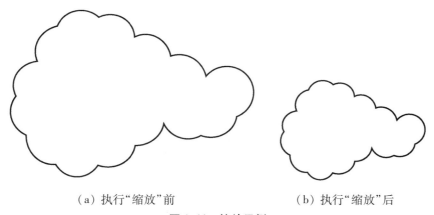

（a）执行"缩放"前　　　　　　（b）执行"缩放"后

图 1-44　缩放示例

7. 棘轮绘制步骤

（1）设置绘图环境

① 设置绘图单位。选择"格式"→"单位"菜单，设置长度精度为小数点后 2 位，角度精度为小数点后 1 位。

② 设置图形界线。选择"格式"→"图形界限"菜单，根据图形尺寸，将图形界限设置为 297×210。

③ 打开栅格,显示图形界限。

④ 打开图层管理器,创建图层。

⑤ 右击状态栏中的"对象捕捉"按钮,在弹出的快捷菜单中选择"设置"命令,打开"草图设置"对话框,在"对象捕捉"选项卡中,设置对象捕捉模式为象限点、交点。

(2)绘制图形

① 绘制中心线。

将"中心线"图层设置为当前图层,绘制中心线。

② 绘制定位圆。

将"粗实线"图层设置为当前图层,绘制三个定位圆,如图1-45所示。

③ 绘制棘轮槽。

a. 绘制$R6.5$的圆,如图1-46所示。

单击"绘图"工具栏上的"圆"按钮,命令行提示如下:

命令:_circle↙

指定圆的圆心或[三点(3P)/两点(2P)/相切、相切、半径(T)]:T↙

指定临时对象追踪点:(选取中心线交点)

指定圆的圆心或[三点(3P)/两点(2P)/相切、相切、半径(T)]:(向左偏移38.5找到圆心)

指定圆的半径或[直径(D)]<75.00>:6.5↙(输入6.5,按【Enter】键)

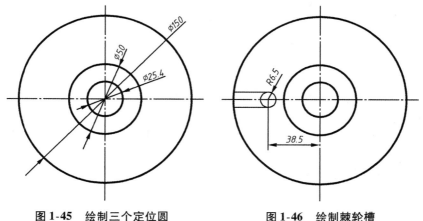

图1-45 绘制三个定位圆   图1-46 绘制棘轮槽

b. 绘制上下两条水平线。

选择"绘图"→"直线"菜单,命令行提示如下:

命令:_line↙

指定第一点:(指定$R6.5$的圆的象限点)

指定下一点或[放弃(U)]:(选取与$R75$的圆的交点)

重复绘制第二条水平线。

c. 绘制棘轮圆弧。

绘制 *R*32 的圆,如图 1-47 所示。

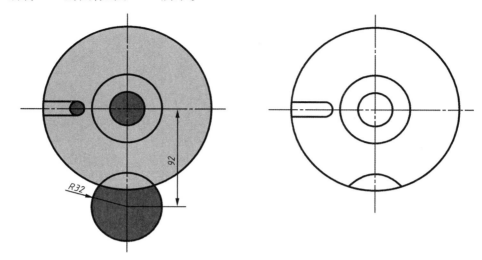

图 1-47　绘制的棘轮圆弧　　　　　　　图 1-48　修剪棘轮槽和棘轮圆弧

单击"绘图"工具栏上的"圆"按钮,命令行提示如下:

命令:_circle↙

指定圆的圆心或[三点(3P)/两点(2P)/相切、相切、半径(T)]:T↙

指定临时对象追踪点:(选取中心线交点)

指定圆的圆心或[三点(3P)/两点(2P)/相切、相切、半径(T)]:(向正下方偏移92 找圆心)

指定圆的半径或[直径(D)]<6.50>:32↙(输入 32,按【Enter】键)

d. 修剪棘轮槽和棘轮圆弧。

利用"trim"命令,修剪棘轮槽和棘轮圆弧,如图 1-48 所示。

e. 阵列棘轮槽和棘轮圆弧并修剪。

利用"array"命令,阵列棘轮槽和棘轮圆弧。

利用"trim"和"erase"命令,修剪阵列后的图形,如图 1-49 所示。

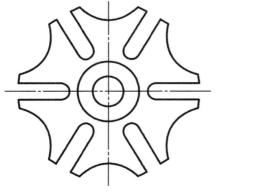 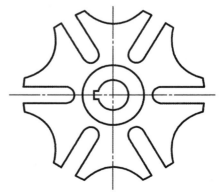

图 1-49　修剪后的棘轮　　　　　　　　图 1-50　绘制键槽

f. 绘制键槽。

利用"offset"和"trim"命令，绘制键槽，如图 1-50 所示。

拓 展 练 习

绘制平面图形。

1.

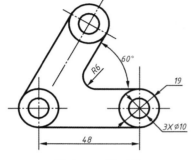

图 1-51　练习题 1

2.

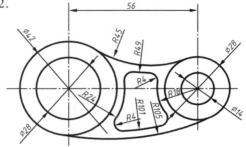

图 1-52　练习题 2

3.

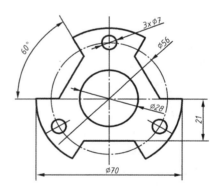

图 1-53　练习题 3

4.

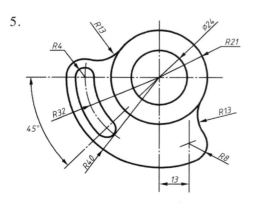

图 1-54　练习题 4

5.

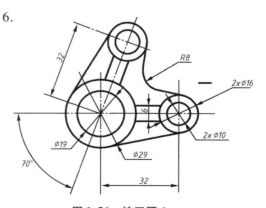

图 1-55　练习题 5

6.

图 1-56　练习题 6

项目二　基本几何体的投影的绘制

学习目标

- 掌握正投影法的基本性质。
- 掌握点、线、面的投影特性。
- 理解并掌握三视图的形成和投影规律。
- 熟练掌握利用 AutoCAD 绘制三视图的方法。

任务一　掌握投影的基本知识

▶▶ 任务引导

日常生活中常见到物体在阳光或灯光的照射下，会在地面或桌面上产生影子，这个影子在某些方面反映了物体的形状特征，这就是投影现象。投影法就是通过对投影现象进行科学的抽象和改造而创造出来的。

▶▶ 任务要求

分析投影的形成、分类以及用途等。

▶▶ 任务实施

一、投影法分类

1. 中心投影法

图 2-1 所示的投影，所有投射线发自一个中心，这种投射线交汇于一点的投影法，称

为中心投影法。

如图 2-1 所示为三角形 *ABC* 的中心投影。从图中可以看出,投影 *abc* 比垫铁的正面形状 *ABC* 要大得多,不能反映物体的真实大小,所以在机械制图中一般不采用中心投影法来绘制图样。

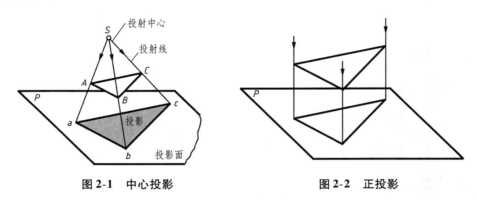

图 2-1　中心投影　　　　　　　图 2-2　正投影

2. 正投影法

如图 2-2 所示,投射线与投影面互相垂直的投影法称为正投影法。用正投影法绘制的图形称为正投影。

正投影能反映物体的真实形状和大小,且作图简便,因此是绘制机械图样的基本方法。

二、正投影的基本特性

1. 真实性

当线段或者平面平行于投影面时,线段的投影反映线段的实长,平面的投影反映实形,这种特性称为真实性,如图 2-3(a)所示。

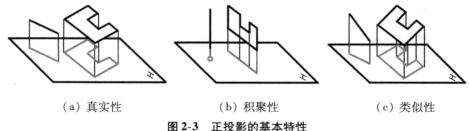

（a）真实性　　　　　（b）积聚性　　　　　（c）类似性

图 2-3　正投影的基本特性

2. 积聚性

当直线或者平面垂直于投影面时,直线的投影积聚成点,平面的投影积聚成一直线,这种投影的特性称为积聚性,如图 2-3(b)所示。

3. 类似性

当直线或者平面倾斜于投影面时,其投影的直线变短,平面的投影形状与空间形状相类似,即平面投影的多边形边数保持不变,这种投影特性称为类似性,如图 2-3(c)所示。

任务二　认识点、直线、平面的投影

▶▶ 任务引导

一切几何形体都可以看成是点、线、面的组合,而线、面又是点的集合,所以点是最基本的几何元素。要学习几何体的投影,应首先从构成几何体的基本元素——点、直线、平面入手,掌握它们的投影作图。

▶▶ 任务要求

运用正投影法绘制点、线、面的投影,掌握点的投影规律、直线的投影特性、平面的投影特性。

▶▶ 任务实施

一、三投影面体系的建立

一般情况下,物体的一个投影不能确定其形状。如图 2-4 所示,三个形状不同的物体,它们在同一投影面上的投影却相同。所以要反映物体的完整形状,必须增加不同的投影方向,得到的投影相互补充,才能表达清楚物体。工程上常用三投影面体系来表达外形简单的物体形状。

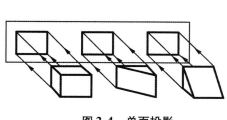

图 2-4　单面投影

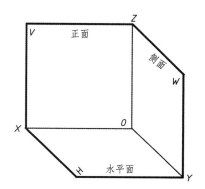

图 2-5　三投影面体系

　　三投影面体系由三个相互垂直的投影面所组成,如图 2-5 所示。三个投影面分别为:正立投影面(简称正面)用 V 表示;水平投影面(简称水平面)用 H 表示;侧立投影面(简称侧面)用 W 表示。

　　相互垂直的投影面之间的交线称为投影轴,分别是 OX 轴(简称 X 轴),即 V 面和 H 面的交线,代表长度方向或左右方向;OY 轴(简称 Y 轴),即 H 面和 W 面的交线,代表宽度方向或前后方向;OZ 轴(简称 Z 轴),即 V 面和 W 面的交线,代表高度方向或上下方向。三根投影轴的交点 O 称为原点。

二、点的投影

1. 点的投影规律

　　如图 2-6(a)所示,过点 A 分别向 H、V、W 投影面投射,得到的三个投影分别为 a、a'、a"。

　　为了画图和看图方便,必须使处于空间位置的三个投影视图在同一平面上表示出来。如图 2-6(b)所示,在工程中,规定正面(V 面)不动,将水平面(H 面)绕 OX 轴旋转 90°,将侧面(W 面)绕 OZ 轴旋转 90°,使它们与正面处在同一平面上。在旋转过程中,OY 轴一分为二,随 H 面旋转的 Y 轴用 Y_H 表示,随 W 面旋转的 Y 轴用 Y_W 表示。去掉投影面边框即得到点 A 的三面投影,如图 2-6(c)所示。

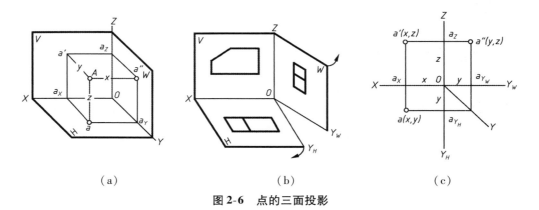

| (a) | (b) | (c) |

图 2-6　点的三面投影

点的三面投影具有以下投影规律:

① 点的两面投影的连线必定垂直于投影轴,即

$$a'a \perp OX$$

$$a'a'' \perp OZ$$

$$aa_{Y_H} \perp OY_H, \quad a''a_{Y_W} \perp OY_W$$

② 点的投影到投影轴的距离等于空间点到对应投影面的距离,即

$$a'a_X = a''a_{Y_W} = 点 A 到 H 面的距离 Aa$$

$$aa_X = a''a_Z = 点 A 到 V 面的距离 Aa'$$

$$aa_{Y_H} = a'a_Z = 点 A 到 W 面的距离 Aa''$$

例 2-1　已知点 B 的 V 面投影 b' 与 H 面的投影 b，求作 W 面的投影 b''。

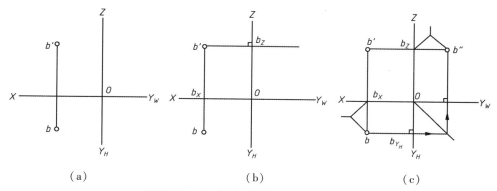

（a）　　　　　　　（b）　　　　　　　（c）

图 2-7　已知点的两面投影求第三投影

作图步骤如下：

① 过 b' 点作 $b'b_Z \perp OZ$，并延长［图 2-7（b）］。

② 量取 $b''b_Z = bb_X$，求得 b''［图 2-7（c）］。

2. 点的三面投影与直角坐标系的关系

点在空间的位置可由点到三个投影面的距离来确定，如果将三个投影面作为坐标面，投影轴作为坐标轴，则点的三面投影与三个坐标值有以下对应关系：

点 A 到 W 面的距离 $Aa'' = a'a_Z = aa_Y = a_X O = x$ 坐标值

点 A 到 V 面的距离 $Aa' = aa_X = a''a_Z = a_Y O = y$ 坐标值

点 A 到 H 面的距离 $Aa = a'a_X = a''a_Y = a_Z O = z$ 坐标值

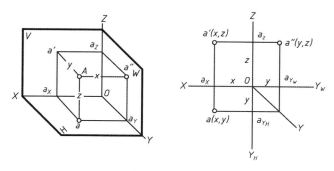

图 2-8　点的投影与直角坐标系的关系

由图 2-8 可以看出，空间点的位置可由该点坐标(x, y, z)确定。

例 2-2　已知空间点 B 的坐标为 $B(12, 10, 17)$，求作点 B 的三面投影。

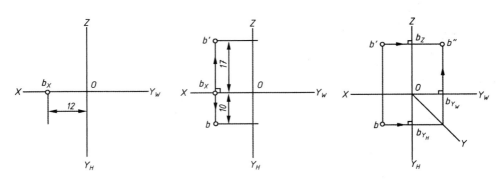

图 2-9　已知点坐标投影图

作图步骤如下：

① 在 OX 轴上量取 12，得 b_X。

② 过 b_X 作 OX 轴的垂线，在垂线上向下量取 10 得 b，向上量取 17 得 b'。

③ 由 b、b' 作出 b''。

3. 两点的相对位置

两点的相对位置由两点的坐标差确定。已知空间点由原来的位置向上（或向下），则 z 坐标随之改变，也就是点对 H 面的距离改变；如果空间点由原来的位置向前（或向后）移动，则 y 坐标随之改变，也就是点对 V 面的距离改变；如果空间点由原来的位置向左（或向右）移动，则 x 坐标随之改变，也就是点对 W 面的距离改变。

综上所述，对于两空间点的相对位置，有：

① 距 W 面远（x 坐标大）在左，近（x 坐标小）在右。

② 距 V 面远（y 坐标大）在前，近（y 坐标小）在后。

③ 距 H 面远（z 坐标大）在上，近（z 坐标小）在下。

例 2-3　已知空间点 $C(7,12,6)$，点 D 在点 C 的左方 5、后方 6、上方 4，求作点 D 的三面投影。

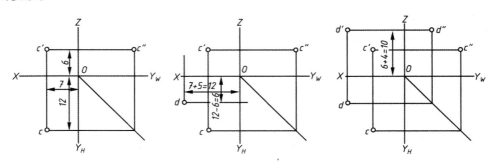

图 2-10　点 D 的三面投影

作图步骤如下：

① 根据点 C 的三坐标，作出点 C 的三面投影。

② 沿 X 轴方向量取 $7+5=12$，作 X 轴的垂线，沿 Y 轴方向量取 $12-6=6$，作 Y_H 轴的垂线，与 X 轴的垂线相交，交点为点 D 的 H 面投影 d。

③ 沿 Z 轴方向量取 $6+4=10$，作 Z 轴的垂线，与 X 轴的垂线相交，交点为点 D 的 V 面投影 d'。再作出 d''，完成点 D 的三面投影。

4. 重影点的可见性

空间两点在某一投影面上的投影重合称为重影。如图 2-11(a) 所示，点 A 和点 B 在 H 面上的投影 $b(a)$，称为重影点。两点重影时，远离投影面的一点为可见，另一点为不可见，并规定不可见点的投影符号外加括号表示，如图 2-11(b) 所示。重影点的可见性可通过该点的另两个投影来判别。例如，在图 2-11(b) 中，从 V 面(或 W 面)投影可知，点 B 在点 A 之上，可判断在 H 面投影中 b 为可见，(a) 为不可见。

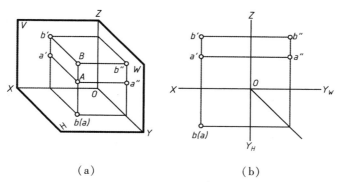

（a） （b）

图 2-11　重影点投影

三、直线的投影

两点确定一条直线，直线的投影一般仍为直线(当直线垂直于投影面时，在该投影面的投影积聚成一点)。直线的投影通常可由线段上两点在同一投影面上的投影相连而得。如图 2-12 所示，要作出直线 AB 的三面投影，可先作出其两端点的投影 a、a'、a'' 和 b、b'、b''，如图 2-12(a) 所示，然后将其同面投影相连，即得直线 AB 的三面投影 ab、$a'b'$、$a''b''$，如图 2-12(b) 所示。直线 AB 在空间的投影如图 2-12(c) 所示。

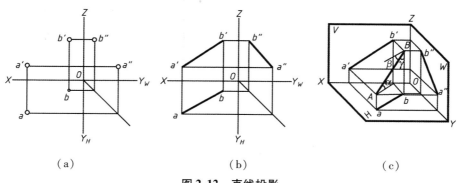

（a） （b） （c）

图 2-12　直线投影

在三投影面体系中,根据直线在三投影面体系中的位置可分为如下三种:

① 一般位置直线:与三个投影面都倾斜的直线。

② 投影面平行线:平行于一个投影面,倾斜于另外两个投影面的直线。

③ 投影面垂直线:垂直于一个投影面,平行于另外两个投影面的直线。

1. 一般位置直线

既不平行也不垂直于任何一个投影面,即与三个投影面都倾斜的直线,称为一般位置直线,如图 2-12(c)所示直线 AB。一般位置直线的投影特性如下:

① 三个投影均不反映实长。

② 三个投影均对投影轴倾斜。

在三投影面体系中,直线对 H、V、W 的倾角分别用 α、β、γ 表示。

2. 投影面平行线

水平线——平行于水平面且倾斜于另外两个投影面的直线,如图 2-13(a)所示。

正平线——平行于正面且倾斜于另外两个投影面的直线,如图 2-13(b)所示。

侧平线——平行于侧面且倾斜于另外两个投影面的直线,如图 2-13(c)所示。

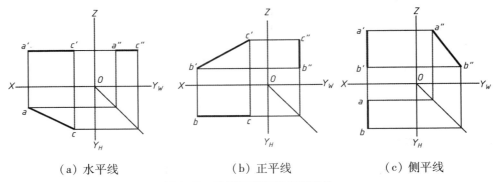

（a）水平线　　　　　　　（b）正平线　　　　　　　（c）侧平线

图 2-13　投影面平行线投影特性

① 投影面平行线的三个投影都是直线,其中在与直线平行的投影面上的投影反映线段实长。

② 另外两个投影都短于线段实长,且分别平行于相应的投影轴。

3. 投影面垂直线

正垂线———垂直于正面且平行于另外两个投影面的直线,如图 2-14(a)所示。

侧垂线———垂直于侧面且平行于另外两个投影面的直线,如图 2-14(b)所示。

铅垂线———垂直于水平面且平行于另外两个投影面的直线,如图 2-14(c)所示。

① 投影面垂直线在所垂直的投影面上的投影积聚成一个点。

② 另外两个投影面都反映线段实长,且垂直于相应的投影轴。

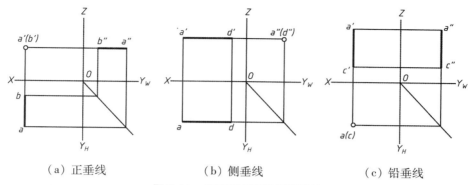

（a）正垂线　　　　　（b）侧垂线　　　　　（c）铅垂线

图2-14 投影面垂直线投影特性

例2-4 分析正三棱锥各棱线与投影面的相对位置。

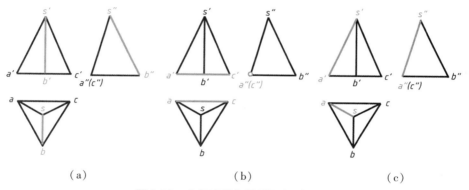

（a）　　　　　　　（b）　　　　　　　（c）

图2-15 分析直线与投影面相对位置

① 棱线 SB：sb 和 $s'b'$ 分别平行于 OY_H 和 OZ，可确定 SB 为侧平线，侧面投影 $s''b''$ 反映实长，如图2-15（a）所示。

② 棱线 AC：侧面投影 $a''(c'')$ 积聚成点，可判断 AC 为侧垂线，$a'c' = ac = AC$，如图2-15（b）所示。

③ 棱线 SA：三个投影 sa、$s'a'$、$s''a''$ 对投影轴都倾斜，所以必定是一般位置直线，如图2-15（c）所示。

四、平面的投影

平面的投影一般仍为平面，当平面垂直于投影面时，在该投影面上的投影积聚成一直线。平面的投影仍然是以点的投影为基础，只要作出平面上点的投影，即可求得平面的投影。

在三投影面体系中，平面对投影的相对位置有如下几种：

① 投影面平行面：平行于一个投影面，垂直于另外两个投影面的平面。

② 投影面垂直面：垂直于一个投影面，倾斜于另外两个投影面的平面。

③ 一般位置平面：与三个投影面都倾斜的平面。

投影面平行面与投影面垂直面统称为特殊位置平面。在三投影面体系中，平面对 H、V、W 面的倾角（指该平面与投影面的两面倾角）分别用 α、β、γ 来表示。

1. 投影面平行面

投影面平行面可分为三种：

水平面——平行于 H 面并垂直于 V、W 面的平面，如图 2-16(a) 所示。

正平面——平行于 V 面并垂直于 H、W 面的平面，如图 2-16(b) 所示。

侧平面——平行于 W 面并垂直于 V、H 面的平面，如图 2-16(c) 所示。

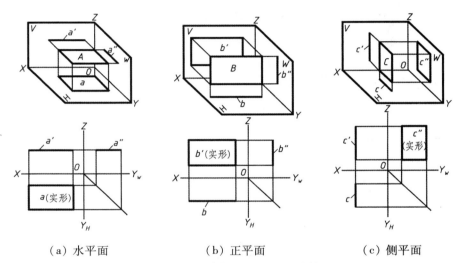

（a）水平面　　　　　　（b）正平面　　　　　　（c）侧平面

图 2-16　投影面平行面投影特性

① 在与平面平行的投影面上，该平面的投影反映实形。

② 其余两个投影面为水平线段或铅垂线段，都具有积聚性。

2. 投影面垂直面

投影面垂直面也可分为三种：

铅垂面——垂直于 H 面并与 V、W 面倾斜的平面，如图 2-17(a) 所示。

正垂面——垂直于 V 面并与 H、W 面倾斜的平面，如图 2-17(b) 所示。

侧垂面——垂直于 W 面并与 H、V 面倾斜的平面，如图 2-17(c) 所示。

① 在与平面垂直的投影面上，该平面的投影为一倾斜线段，有积聚性，且反映与另两投影面的倾角。

② 其余两个投影都是缩小的类似形。

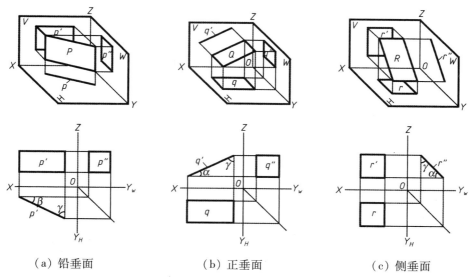

（a）铅垂面　　　　　　　（b）正垂面　　　　　　　（c）侧垂面

图 2-17　投影面垂直面投影特性

3. 一般位置平面

与三个投影面都倾斜的平面称为一般位置平面。

图 2-18（a）中形体上的平面 M 对三个投影面既不平行也不垂直，所以在图 2-18（b）、（c）中，它的 H、V、W 面投影均为平面 M 的类似形。

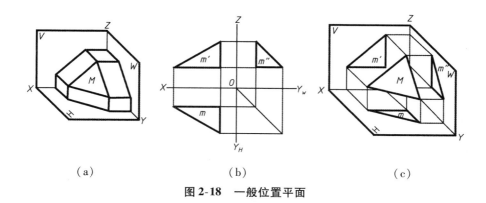

（a）　　　　　　　　　（b）　　　　　　　　　（c）

图 2-18　一般位置平面

例 2-5　分析正三棱锥各棱面的相对位置。

① 底面 ABC：如图 2-19（a）所示，V 面和 W 面投影积聚为水平线，分别平行于 OX 轴和 OY_W 轴，可确定底面 ABC 是水平面，水平投影反映实形。

② 棱面 SAB：如图 2-19（b）所示，三个投影 sab、$s'a'b'$、$s''a''b''$ 都没有积聚性，均为棱面 SAB 的类似形，可判断棱面 SAB 是一般位置平面。

③ 棱面 SAC：如图 2-19（c）所示，从 W 面投影中的重影点 $a''(c'')$ 可知，棱面 SAC 的一边 AC 是侧垂线。根据几何定理，知一个平面上的任一直线垂直于另一平面，则两平面互相垂直。因此，可判断棱面 SAC 是侧垂面，W 面投影积聚成一直线。

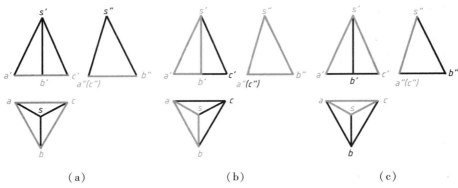

图 2-19   分析平面与投影面的相对位置

任务三   运用正投影法绘制简单模型的三视图

▶▶ 任务引导

立体的投影,实质上是构成该立体的所有表面的投影总和。立体上的点、线必须符合点和直线的投影规律。将物体放在三投影面体系中,以观察者的视线作为互相平行的投射线,而将观察到的形状画在投影面上,所得的图形即为视图,所以投影面上的投影与视图在本质上是相同的。立体在三投影面上的投影,在机械制图中,按国家标准规定称为三视图。

▶▶ 任务要求

运用正投影法绘制简单模型的三视图,并掌握三视图的投影规律。

▶▶ 任务实施

一、三视图的形成

如图 2-20(a)所示,将物体放在三投影面体系中,按正投影法向各投影面投射,即可分别得到正面投影、水平面投影和侧面投影。在工程图样中"根据有关标准绘制的多面正投影图"也称为"视图"。在三投影面体系中,物体的三视图是国家标准中基本视图中的三个,规定的名称是:

主视图——由前向后投射,在正面上所得的视图。

俯视图——由上向下投射,在水平面上所得的视图。

左视图——由左向右投射,在侧面上所得的视图。

为了画图和看图方便,必须使处于空间位置的三视图在同一个平面上表示出来。如图 2-20(b)所示,规定正面不动,将水平面绕 OX 轴旋转 $90°$,将侧面绕 OZ 轴旋转 $90°$,使它们与正面处在同一平面上,如图 2-20(c)所示。在旋转过程中,OY 轴一分为二,随 H 面旋转的 Y 轴用 Y_H 表示,随 W 面旋转的 Y 轴用 Y_W 表示。由于画图时不必画出投影面和投影轴,所以去掉投影面的边框和投影轴,就得到如图 2-20(d)所示的三视图。

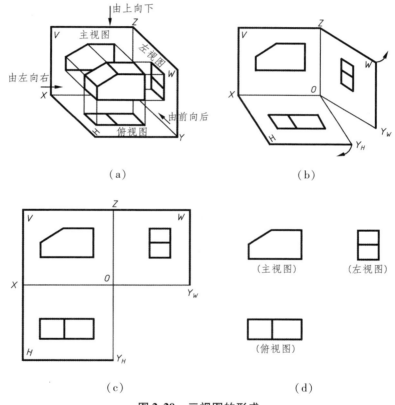

图 2-20　三视图的形成

二、三视图间的度量对应关系

从三视图的形成过程可以看出,三视图间的位置关系是俯视图在主视图的正下方,左视图在主视图的正右方。按此位置配置的三视图,不需注写其名称。

如图 2-21(a)所示,物体有长、宽、高三个方向的尺寸。通常规定:物体左右之间的距离为长(X),前后之间的距离为宽(Y),上下之间的距离为高(Z)。

从图 2-21(b)可以看出,一个视图只能反映两个方向的尺寸:

① 主视图反映物体的长度和高度。

② 俯视图反映物体的长度和宽度。

③ 左视图反映物体的高度和宽度。

因为三个视图来自同一个物体,所以每对相邻视图间反映同一个方向的尺寸应该相等,如图 2-21(c)所示,即有:

① 主视图、俯视图等长(长对正)。

② 主视图、左视图等高(高平齐)。

③ 俯视图、左视图等宽(宽相等)。

无论是整个物体还是物体的局部,其三面投影都应该符合"长对正,高平齐,宽相等"的"三等尺寸关系",在画图、读图、度量及标注尺寸时都要注意遵循和应用它。

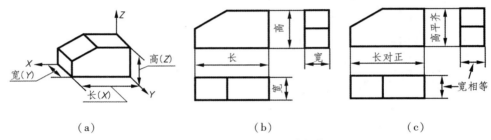

（a） （b） （c）

图 2-21　三视图的度量对应关系

三、三视图间的方位对应关系

物体有上、下、左、右、前、后 6 个方位,如图 2-22 所示,三视图在反映方位方面有如下特征:

① 主视图反映物体的上、下和左、右位置。

② 俯视图反映物体的左、右和前、后位置。

③ 左视图反映物体的上、下和前、后位置。

在画图和读图时,应特别注意俯视图与左视图之间的前、后对应关系。在俯视图和左视图中,靠近主视图的边表示物体的后面,远离主视图的边则表示物体的前面。

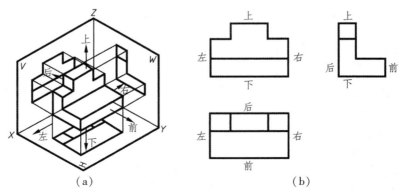

（a） （b）

图 2-22　三视图的方位对应关系

任务四　绘制基本体的三视图

▶▶ 任务引导

基本几何形体分为平面立体和曲面立体两大类。

一、平面立体的投影作图

表面都是由平面围成的立体,称为平面立体。常见的平面立体有棱柱和棱锥。绘制平面立体的投影可归结为绘制立体各表面的投影。而每个表面是由棱线围成的,棱线又是由两端点确定的,所以绘制平面立体的投影又可归结为绘制各棱线和各顶点的投影。

二、曲面立体的投影作图

曲面立体指表面全部由曲面所围成的立体。根据曲面立体的形成过程,由一条母线绕一轴线回转而形成的曲面称为回转面,形成的曲面立体称为回转体。常见的回转体有圆柱、圆锥、圆球等。

▶▶ 任务要求

绘制六棱柱、三棱锥、圆柱、圆锥的三视图,掌握表面取点方法,提高制图实际运用能力,培养空间想象能力。

▶▶ 任务实施

一、绘制正六棱柱的三视图

棱柱由两个形状相同、互相平行的顶面和底面以及几个棱面共同组成,棱面与棱面的交线称为棱线,棱线相互平行。棱线与底面垂直的棱柱称为直棱柱。顶面和底面多为多边形,按多边形的边数分为三棱柱、四棱柱、五棱柱等。顶面和底面为正多边形,各侧面为矩形的棱柱为正棱柱。

1. 投影分析

正六棱柱按图 2-23(a)所示放置,上、下两面均为水平面,它们的水平投影重合并反映实形,正面及侧面投影积聚为两条相互平行的直线。六个棱面中的前、后两个为正平面,它们的正面投影反映实形,水平投影及侧面投影积聚为一直线。其他四个棱面均为铅垂面,其水平投影均积聚为直线,正面投影和侧面投影均为类似形。正六棱柱的水平投影是一个正六边形,正面投影为三个可见的矩形,侧面投影为两个可见的矩形。

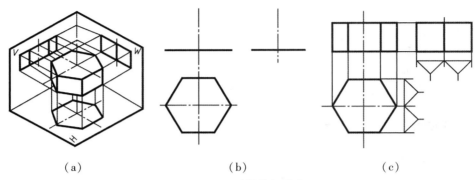

（a）　　　　　　　　　（b）　　　　　　　　　（c）

图 2-23　正六棱柱的投影作图

2. 作图步骤

① 作正六棱柱的对称中心线和底面基准线,先画出具有轮廓特征的俯视图——正六边形,如图 2-23(b)所示。

② 按长对正的投影关系,量取正六棱柱的高度,画出主视图,再按高平齐、宽相等的投影关系画出左视图,如图 2-23(c)所示。

3. 棱柱表面上点的投影

已知正六棱柱的侧棱面 $ABCD$ 上一点 M 在正面的投影 m',求作 m 和 m'',如图 2-24(a)所示。由于点 M 所在棱面是铅垂面,其水平投影积聚成直线 $a(b)d(c)$,因此,点 M 的水平投影必在该直线上,可由 m' 直接作出 m,再由 m' 和 m 作出 m''。因为棱面 $ABCD$ 的侧面投影可见,所以 m'' 可见。

已知正六棱柱顶面上的点 N 的水平投影 n,求作 n' 和 n'',如图 2-24(b)所示。由于顶面的正面投影积聚成水平线,所以可由 n 直接作出 n',再由 n、n' 作出 n''。

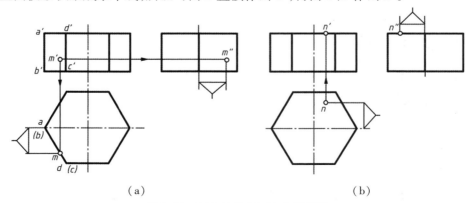

（a）　　　　　　　　　　　　　　　　（b）

图 2-24　正六棱柱表面上点的投影

二、绘制棱锥的三视图

棱锥的棱线交于一点。常见的棱锥有三棱锥、四棱锥、五棱锥等。下面以四棱锥为例,分析其投影特征和作图方法。

1. 投影分析

如图 2-25(a)所示,正四棱锥前后、左右对称,底面平行于水平面,其水平投影反映实形。左、右两个棱面垂直于正面,它们的正面投影积聚成直线。前、后两个棱面垂直于侧面,它们的侧面投影积聚成直线。与锥顶相交的四条棱线不平行于任一投影面,所以它们在三个投影面上的投影都不反映实长。

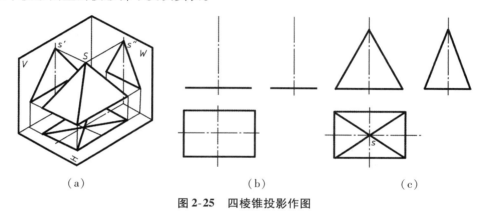

|（a）|（b）|（c）|

图 2-25　四棱锥投影作图

2. 作图步骤

① 作四棱锥的对称中心线、轴线和底面,先画出底面俯视图——矩形,如图 2-25(b)所示。

② 根据四棱锥的高度在轴线上定出锥顶 S 的三面投影位置,然后在主、俯视图上分别用直线连接锥顶与底面四个顶点的投影,即得四条棱线的投影。再由主、俯视图画出左视图,如图 2-25(c)所示。

3. 四棱锥表面上点的投影

已知四棱锥棱面 SBC 上的点 M 的正面投影 m',求作 m 和 m'',如图 2-26(a)所示。在 SBC 棱面上,由锥顶 S 过点 M 作辅助线 SE,因为点 M 在直线 SE 上,则点 M 的投影必在直线 SE 的同面投影上。所以只要作出 SE 的水平投影 se,即可作出点 M 的水平投影 m。

作图步骤:在主视图上由 s' 过 m' 作直线交于 b'c' 得 e',再由 s'e' 作出 se,在 se 上定出 m。由于棱面 SBC 是侧垂面,也可由 m' 直接作出 m'',如图 2-26(b)所示。

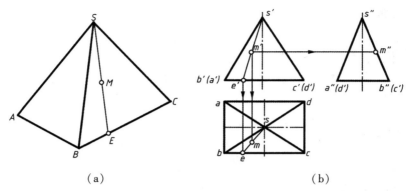

（a） （b）

图 2-26 四棱锥表面上点的投影

三、绘制圆柱的三视图

圆柱体的表面是圆柱面与上、下两底面。圆柱面可看作由一条直母线绕平行于它的轴线回转而成。直母线在圆柱面上的任一位置称为圆柱面的素线。

1. 投影分析

如图 2-27（a）所示，当圆柱轴线垂直于水平面时，圆柱上、下底面的水平投影反映实形，正面和侧面投影积聚成直线。圆柱面的水平投影积聚为一圆周，与两底面的水平投影重合。在正面投影中，前、后两半圆柱面的投影重合为一矩形，矩形的两条竖线分别是圆柱面最左、最右素线的投影，也是圆柱面前、后分界的转向轮廓线。在侧面投影中，左、右两半圆柱面的投影重合为一矩形，矩形的两条竖线分别是圆柱面最前、最后素线的投影，也是圆柱面左、右分界的转向轮廓线。

2. 作图方法

画圆柱的三视图时，先画各投影的中心线，再画圆柱面具有积聚性投影圆的俯视图，然后根据圆柱体的高度画出另外两个视图，如图 2-27（b）所示。

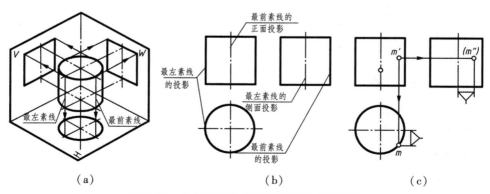

（a） （b） （c）

图 2-27 圆柱的投影作图及表面上点的投影

3. 圆柱表面上点的投影

如图 2-27(c)所示,已知圆柱面上点 M 的正面投影 m',求作 m 和 m''。首先根据圆柱面水平投影的积聚性作出 m,由于 m' 是可见的,则点 M 必在前半圆柱面上,m 必在水平投影圆的前半圆周上。再按投影关系作出 m''。由于点 M 在右半圆柱面上,所以(m'')不可见。

四、绘制圆锥的三视图

圆锥体的表面是圆锥面和底面。圆锥面可看作由一条直母线绕与它斜交的轴线回转而成。直母线在圆锥面上的任一位置称为圆锥面的素线。

1. 投影分析

如图 2-28(a)所示为轴线垂直于水平面的正圆锥的三视图。锥底面平行于水平面,水平投影反映实形。圆锥面的三个投影都没有积聚性,其水平投影与底面的水平投影重合,全部可见;正面投影由前、后两个半圆锥面的投影重合为一等腰三角形,三角形的两腰分别是圆锥面最左、最右素线的投影,也是圆锥面前、后分界的转向轮廓线;侧面投影由左、右两半圆锥面的投影重合为一等腰三角形,三角形的两腰分别是圆锥最前、最后素线的投影,也是圆锥面左、右分界的转向轮廓线。

2. 作图方法

画圆锥的三视图时,先画各投影的轴线,再画底面圆的各投影,然后画出锥顶的投影和锥面的投影(等腰三角形),完成圆锥的三视图,如图 2-28(b)所示。

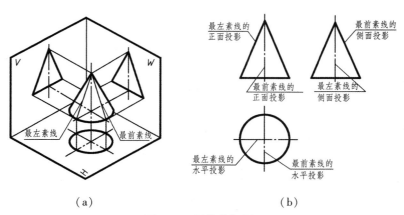

（a）　　　　　　　　　　　　（b）

图 2-28　圆锥的投影

3. 圆锥表面上点的投影

如图 2-29 所示,已知圆锥表面上点 M 的正面投影 m',求作 m 和 m''。根据点 M 的位置和可见性,可确定点 M 在前、左圆锥面上,点 M 的三面投影均可见。

圆锥表面上点的投影的作图方法有辅助素线法和辅助纬圆法两种。

（1）辅助素线法

如图 2-29（a）所示，过锥顶 *S* 点和 *M* 点作辅助素线 *SA*，即在投影图中作连线 *s'm'*，并延长与底面的正面投影相交于 *a'*，由 *s'a'* 作出 *sa*，再由 *s'a'* 和 *sa* 作出 *s"a"*，再按点在直线上的投影关系，由 *m'* 作出 *m* 和 *m"*。

（2）辅助纬圆法

如图 2-29（b）所示，过点 *M* 在圆锥面上作垂直于圆锥轴线的水平辅助纬圆，点 *M* 的各投影必在该圆的同面投影上，即在投影图中过 *m'* 作圆锥轴线的垂直线，交圆锥左右轮廓线于 *a'*、*b'*，*a'b'* 即辅助纬圆的正面投影，以 *s* 为圆心，*a'b'* 为直径，作辅助纬圆的水平投影。由 *m'* 求得 *m*，再由 *m*、*m'* 求得 *m"*。

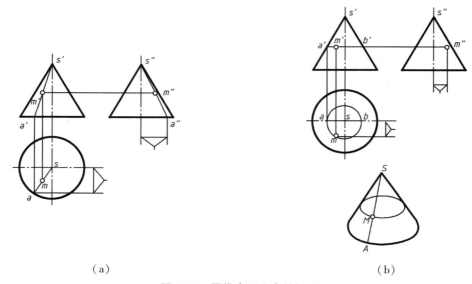

（a）   （b）

图 2-29　圆锥表面上点的投影

五、绘制圆球的三视图

圆球面可看作由一条圆母线绕其直径回转而成。

1. 投影分析

从图 2-30（a）可看出，球面上最大圆 *A* 将圆球分为前、后两个半球，前半球可见，后半球不可见，正面投影为圆 *a'*，形成了主视图的轮廓线，而其水平投影和侧面投影都与相应的中心线重合，不必画出；最大圆 *B* 将圆球分为上、下两个半球，上半球可见，下半球不可见，俯视图中只要画出 *B* 的水平投影圆 *b*，而其正面投影和侧面投影都与相应的中心线重合，不必画出；最大圆 *C* 将圆球分为左、右两个半球，左半球可见，右半球不可见，左视图中只要画出 *C* 的侧面投影圆 *c"*，而其正面投影和水平投影都与相应的中心线重合，不必画出。因此，圆球的三视图均为大小相等的圆，其直径与球的直径相等。

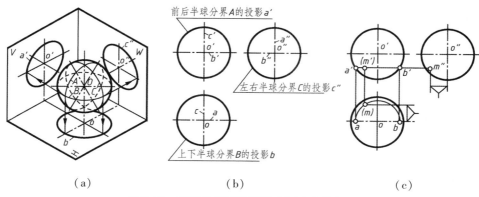

图 2-30　圆球的投影作图及表面上点的投影

2. 作图方法

如图 2-30(b)所示,先确定球心的三面投影,过球心分别画出圆球垂直于投影面的轴线的三面投影,再画出与球等直径的圆。

3. 圆球表面上点的投影

如图 2-30(c)所示,已知球面上点 M 的正面投影(m'),求 m 和 m''。由于球面的三个投影都没有积聚性,可利用辅助纬圆法求解。过(m')作水平纬圆的正面投影 $a'b'$,再作出其水平投影(以 o 为圆心,$a'b'$ 为直径画圆)。由(m')在该圆的水平投影上求得 m,由于(m')不可见,所以 m 在后半球面上。又由于(m')在下半球面上,所以 m 不可见。再由(m')、(m)求得 m''。由于点 M 在左半球面上,故 m''可见。

任务五　应用 AutoCAD 绘制基本体的三视图

▶▶ 任务引导

AutoCAD 软件是计算机辅助设计的软件之一,可利用该软件规范化地绘制零件图样。

▶▶ 任务要求

掌握利用 AutoCAD 绘图软件绘制基本体的三视图的方法。

▶▶ **任务实施**

1. 构造线命令

（1）功能

"xline"命令用于绘制通过给定点的双向无限长直线,一般用于绘制辅助线、建筑墙线。

（2）执行方法

● "绘图"工具栏:"绘图"按钮 ✏ 。

● 菜单:"绘图"→"构造线"。

● 命令行:xline。

（3）操作步骤

① 绘制水平或垂直构造线。

选择"绘图"→"构造线"菜单,命令行提示如下:

命令:_xline 指定点或[水平(H)/垂直(V)/角度(A)/二等分(B)/偏移(O)]:(输入"H"或"V",按【Enter】键,选择水平或垂直绘制构造线)

指定通过点:(利用合适的定点方式指定构造线经过的点)

指定通过点:(利用合适的定点方式指定另一条构造线要经过的点,或按【Enter】键)

② 绘制二等分构造线。

绘制如图 2-31 所示角的平分线。

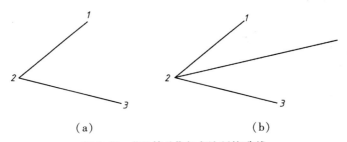

（a）   （b）

图 2-31 "二等分"方式绘制构造线

操作步骤如下:

选择"绘图"→"构造线"菜单,命令行提示如下:

命令:_xline 指定点或[水平(H)/垂直(V)/角度(A)/二等分(B)/偏移(O)]:B(选择二等分选项,按【Enter】键)

指定角的顶点:(指定如图 2-31(a)所示点 2)

指定角的起点:(指定如图 2-31(a)所示点 1)

指定角的端点:(指定如图 2-31(a)所示点 3)

指定角的端点:(按【Enter】键)

所绘制的角平分线位于由点1、点2、点3三个点确定的平面中,如图2-31(b)所示。

(4)相关说明及提示

水平(H):绘制通过指定点的水平构造线。

垂直(V):绘制通过指定点的垂直构造线。

角度(A):绘制一条与已知直线成指定角度的构造线。

二等分(B):绘制一条平分已知角度的构造线。

偏移(O):绘制与指定直线平行的构造线。

2. 射线命令

(1)功能

"ray"命令用于绘制以指定点为起点的单向无限长直线。与构造线一样,射线通常作为辅助作图线。

(2)执行方法

* 菜单:"绘图"→"射线"。

* 命令行:ray。

(3)操作步骤

选择"绘图"→"射线"菜单,命令行提示如下:

命令:_ray↙

指定起点:(指定射线的起点)

指定通过点:(指定射线要经过的另一个点)

指定通过点:(指定另一条射线要经过的点,或按【Enter】键结束命令)

3. 复制命令

(1)功能

"copy"命令用于将选定的对象在指定的位置上进行一次或多次复制。

(2)执行方法

* "修改"工具栏:"复制"按钮 。

* 菜单:"修改"→"复制"。

* 命令行:copy。

(3)操作步骤

以复制如图2-32(a)所示图形,效果如图2-32(b)所示为例。操作步骤如下:

选择"修改"→"复制"菜单,命令行提示如下:

命令:_copy↙

选择对象:找到1个(选择要复制的图形)

选择对象:(按【Enter】键确认)

当前设置:复制模式 = 单个(系统提示)

指定基点或[位移(D)/模式(O)]<位移>:O↙(更改复制模式)

指定基点或[位移(D)/模式(O)]<位移>:

指定第二个点或<使用第一个点作为位移>:

指定第二个点或[退出(E)/放弃(U)]<退出>:

指定第二个点或[退出(E)/放弃(U)]<退出>:

指定第二个点或[退出(E)/放弃(U)]<退出>:(按【Enter】键确认,共复制三个正

多边形)

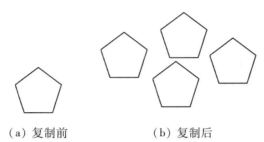

（a）复制前　　　　　（b）复制后

图 2-32　"复制"命令效果

4. 旋转命令

（1）功能

"rotate"命令用于将选定的对象绕着指定的基点旋转指定的角度。

（2）执行方法

- "修改"工具栏:"旋转"按钮 ⟳ 。

- 菜单:"修改"→"旋转"。

- 命令行:rotate。

（3）操作步骤

以旋转如图 2-33(a)所示图形,效果如图 2-33(b)所示为例。

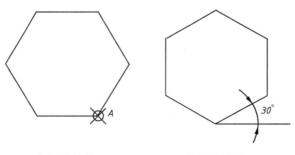

（a）旋转前　　　　　（b）旋转后

图 2-33　"旋转"命令效果

操作步骤如下：

选择"修改"→"旋转"菜单,命令行提示如下：

命令：_rotate↙

UCS 当前的正角方向：ANGDIR = 逆时针   ANGBASE = 0(系统提示)

选择对象：(选择要旋转的图形)

选择对象：找到 1 个(继续选择对象或按【Enter】键确认,因为只旋转一个图形,故按【Enter】键)

指定基点：(指定基点 A)

指定旋转角度,或[复制(C)/参照(R)] < 0 > ：−30↙(输入旋转角度,因为是顺时针旋转,故为 −30)

5.移动命令

(1)功能

"move"命令用于将选定的对象从一个位置移到另一个位置。移动对象有两种方式：一种是"指定两点"方式,一种是"指定位移"方式。

(2)执行方法

- "修改"工具栏："移动"按钮 ✛ 。
- 菜单："修改"→"移动"。
- 命令行：move。

(3)操作步骤

以 A 点作为基点,B 点为位移点,移动如图 2-34(a)所示图形,效果如图 2-34(b)所示。

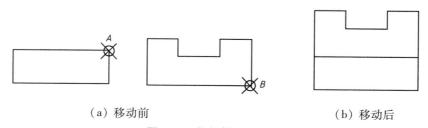

(a)移动前   (b)移动后

图 2-34 "移动"命令效果

操作步骤如下：

选择"修改"→"移动"菜单,命令行提示如下：

命令：_move↙

选择对象：(选择要移动的对象)

选择对象：(按【Enter】键确认)

指定基点或[位移(D)] < 位移 > ：(指定移动的基点)

指定第二个点或 < 使用第一个点作为位移 > ：(指定移动的所在新位置)

6. 对齐命令

（1）功能

"align"命令可以将选定的对象移动、旋转或倾斜,使其与另一个对象对齐。

（2）执行方法

- 菜单:"修改"→"三维操作"→"对齐"。

- 命令行:align。

（3）操作步骤

① 一对点方式对齐两对象。

利用"align"命令,使图 2-35（a）中两个图形对齐,效果如图 2-35（b）所示。

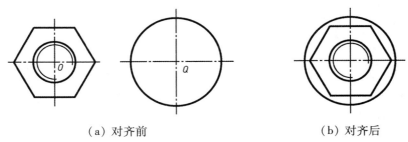

（a）对齐前 （b）对齐后

图 2-35 一对点方式对齐两对象

操作步骤如下:

选择"修改"→"三维操作"→"对齐"菜单,命令行提示如下:

命令:_align↙

选择对象:（选择以 Q 为圆心的圆）

指定第一个源点:（指定点 Q）

指定第一个目标点:（指定点 O）

指定第二个源点:（按【Enter】键）

② 两对点方式对齐两对象。

使如图 2-36（a）所示的盘类零件与右侧的支座对齐,效果如图 2-36（b）所示。

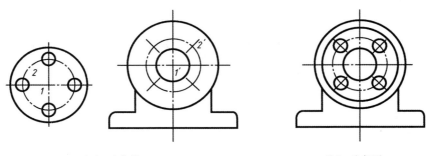

（a）对齐前 （b）对齐后

图 2-36 两对点方式对齐对象

操作步骤如下：

选择"修改"→"三维操作"→"对齐"菜单，命令行提示如下：

命令：_align↙

选择对象：(选择盘类零件)

指定第一个源点：(指定点1)

指定第一个目标点：(指定点1′)

指定第二个源点：(指定点2)

指定第二个目标点：(指定点2′)

指定第三个源点＜继续＞：(按【Enter】键)

是否基于对齐点缩放对象？［是(Y)/否(N)］＜否＞：Y↙(按【Enter】键，以第一目标点和第二目标点之间的距离作为缩放对象的参考长度，使选定的对象缩放)

7.对象特性命令

(1)功能

"properties"命令用于编辑修改对象的图层、颜色、线型形状大小及尺寸等特性。

(2)执行方法

● 菜单："修改"→"特性"。

● 命令行：properties。

(3)操作步骤

选择"修改"→"特性"菜单，打开"特性"面板(图2-37)，选中要修改的对象特性，在其后面的文本框中直接输入改变后的值即可。对于颜色、线型、图层等特性，选择后会出现相应的下拉列表框，从中可以设置对象的特性。

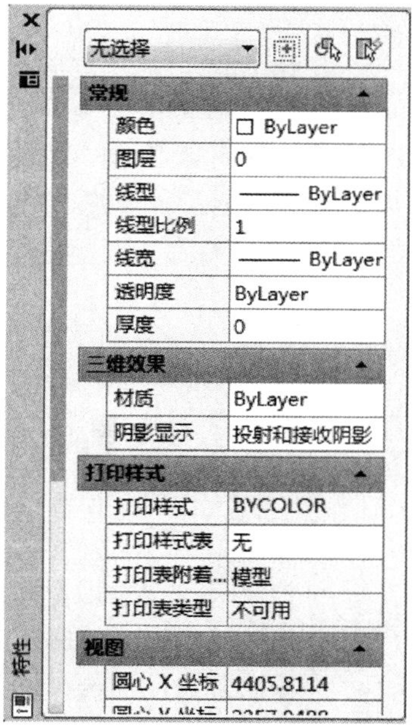

8.使用夹点编辑图形

在AutoCAD 2012中，夹点是控制对象的位置和大小的关键点，它提供了一种方便快捷的编辑操作途径。在选取图形对象后，就可以使用夹点对齐。

(1)控制夹点显示

选择"工具"→"选项"菜单，弹出"选项"对话框，单击"选择集"选项卡，在该选项卡中可以设置是否启用夹点及夹点的大小、颜色等。

图 2-37　"特性"面板

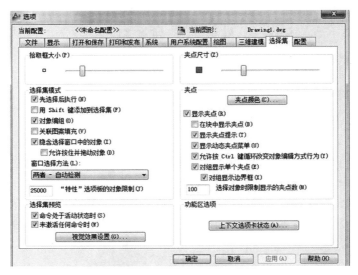

图 2-38 "选择集"选项卡

系统默认的设置是"启用夹点",在这种情况下用户无须启动命令,只要选择对象,在该对象的特征点上就出现一个色块,此即为夹点,默认显示为蓝色,如图 2-39 所示。单击某个夹点,则这个夹点被激活,默认显示为红色。被激活的夹点通过按【Enter】键或【Space】键执行命令,能完成拉伸、移动、复制、旋转、缩放或镜像五种操作。

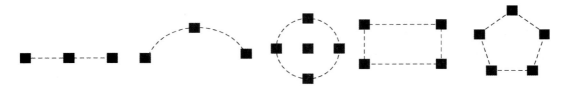

图 2-39 夹点显示图形

(2)利用夹点编辑操作步骤

① 使用夹点拉伸对象。

使用夹点拉伸如图 2-40(a)所示的直线,操作步骤如下:

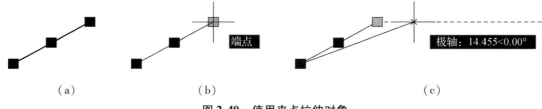

(a)   (b)   (c)

图 2-40 使用夹点拉伸对象

- 选择对象,出现蓝色夹点,如图 2-40 所示。
- 选择基准夹点拉伸。激活基准夹点,则其变为红色,命令行提示如下:

指定拉伸点或[基点(B)/复制(C)/放弃(U)/退出(X)]:(移动鼠标,则直线随着基

准夹点的移动被拉伸,如图 2-40(c)所示,至合适位置单击,即可完成夹点拉伸操作)

- 按【Esc】键,取消夹点。

② 使用夹点镜像复制对象。

使用夹点镜像复制如图 2-41(a)所示的对象,效果如图 2-41(b)所示。操作步骤如下:

- 选择对象,出现蓝色夹点。
- 选择基准夹点拉伸。激活基准夹点,则其变为红色,命令行提示如下:

指定拉伸点或[基点(B)/复制(C)/放弃(U)/退出(X)]:(右击,在弹出的快捷菜单中选择"镜像"选项)

- 按【Esc】键,取消夹点。

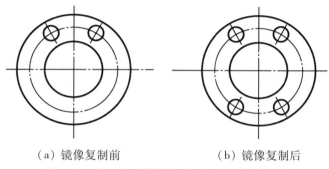

（a）镜像复制前　　　　　　　（b）镜像复制后

图 2-41　使用夹点镜像复制对象功能编辑图形

③ 使用夹点移动对象。

该方式可以将选定的对象进行移动。

④ 使用夹点旋转对象。

该方式可以将选定的对象绕基点进行旋转。

⑤ 使用夹点缩放对象。

该方式可以将选定的对象按比例缩放。

9. 绘制三视图

绘制如图 2-42 所示的三视图,无须标注尺寸。

（1）设置绘图环境

① 设置绘图单位。选择"格式"→"单位"菜单,设置长度精度为小数点后 2 位,角度精度为小数点后 1 位。

② 设置图形界限。选择"格式"→"图形界限"菜单,根据图形尺寸,将图形界限设置为 297×210。

③ 打开栅格,显示图形界限。

④ 打开图层管理器,创建图层。

⑤ 设置对象捕捉模式为端点、中点、圆心、象限点、交点,并设置极轴角增量为 15°,

确定追踪方向。

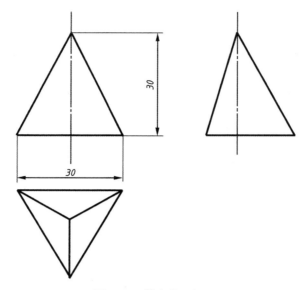

图2-42 基本体三视图

（2）进行投影分析

通过投影分析，正三棱锥底面是一个水平面，在水平面上反映实形，其余两个投影面积聚成线；后侧面为侧垂面，在侧面投影上积聚成线，其余两个投影面反映类似三角形，为一般位置平面。

（3）绘图

① 画基准线。

② 画出底面。

a. 打开"直线"命令，绘制长度为30mm 的直线；利用极轴命令"@30 < -60"绘制三角形另一边；连接三角形的第三条边，完成三角形的绘制，如图2-43（a）所示。

b. 连接三角形顶点与对边中点，如图2-43（b）所示。

c. 修剪多余线段，如图2-43（c）所示。

（a）　　　　　　　（b）　　　　　　　（c）

图2-43 底面绘制

③ 画出锥顶 S 的各个投影。

④ 连接各顶点的同面投影，即为正三棱锥的三视图，如图2-44 所示。

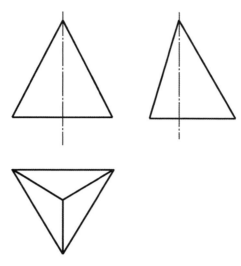

图 2-44　正三棱锥三视图

拓展练习

绘制视图并补全视图。

1.

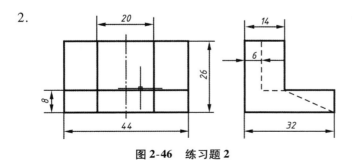

图 2-45　练习题 1

2.

图 2-46　练习题 2

3.

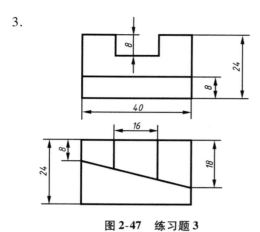

图 2-47　练习题 3

项目三　截断体与相贯体的识读与绘制

学习目标

- 掌握立体表面截交线的识读及画法。
- 掌握立体表面相贯线的识读及画法。

任务一　绘制平面立体截断体的三视图

▶▶ 任务引导

切割立体的平面称为截平面,截平面与立体表面的交线称为截交线,被切割后的立体表面称为截断面。

1. 平面体截交线的性质

（1）共有性

平面体截交线既在截平面上,又在立体表面上,因此截交线上的每一点都是截平面与立体表面的共有点。

（2）封闭性

由于立体的大小都是有限的,所以截交线一般是封闭的平面图形。

2. 平面体截交线的画法

（1）棱线法

求截平面与立体上被截各棱的交点,然后依次连接而得。

（2）棱面法

求截交线与立体表面的交线,然后依次连接而得。

▶▶ 任务要求

学习绘制带切口平面立体的三视图,熟悉平面立体的投影特性,掌握平面与平面立体表面相交的交线性质及画法。

▶▶ 任务实施

实际的机器零件往往不是完整的基本体,而是经截切的基本体。用来截切基本体的平面称为截平面,截平面与立体表面相交产生的交线称为截交线,由截交线围成的平面图形称为截断面。

求截交线的投影就是求截平面与立体表面一系列共有点的投影,并依次连接。平面立体被平面截切时,截交线为平面多边形。求平面立体截交线的实质就是求截平面与立体表面的交线或截平面与立体上被截各棱的交点,然后依次连接各点。

例 3-1　完成正四棱锥被正垂面 P 截切后的三视图。

分析:正四棱锥被正垂面 P 截切,截平面 P 与四棱锥的四条棱都相交,所以截交线为四边形,其顶点就是各棱线与截平面的交点,可利用特殊位置平面和特殊位置直线相交求交点的方法求得。V 面投影积聚成直线,首先在积聚成直线的主视图上对各截面的顶点进行命名,然后根据点在各棱上的投影规律,依次求出各顶点的其他两面投影,并连接同面投影。完成后的三视图如图 3-1 所示。

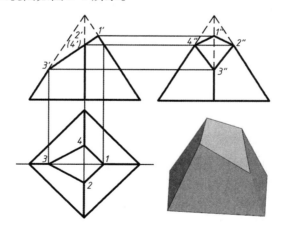

图 3-1　正四棱锥被正垂面 P 截切后的三视图

例 3-2　完成开槽的正六棱柱的三视图。

分析:如图 3-2 所示,六棱柱开槽部分是被两个侧平面和一个水平面截切而成的。侧平面与棱柱表面的交线为矩形,水平面与棱柱表面的交线为正六边形。各截面投影:在 V 面投影中,都有积聚性;在 H 面投影中,两矩形平面积聚成线段,正六边形反映实形;在 W

面投影中,两矩形平面反映实形并重影,另一个平面则积聚成直线段。

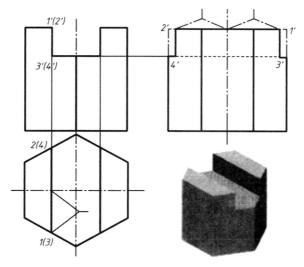

图3-2　开槽的正六棱柱

任务二　绘制回转体截断体的三视图

▶▶ 任务引导

1.曲面体截交线的性质

- 截交线是截平面与回转体表面的共有线。
- 截交线的形状取决于回转体表面的形状及截平面与回转体轴线的相对位置。
- 截交线围成封闭的平面图形。

2.曲面体截交线的画法

- 投影为圆时,根据截平面与曲面体截切的位置,找到圆的半径,画出圆视图。
- 投影为非圆曲线时,需要先找特殊点(截交线上一些能确定其形状和范围的点,如最高与最低点、最左与最右点、最前与最后点,以及可见与不可见的分界点等),补充中间点,再将各点光滑地连接起来,并判断截交线的可见性。

▶▶ 任务要求

学习绘制带切口回转体的三视图,熟悉回转体的投影特性,掌握平面与曲面立体表面相交的交线性质及画法。

▶▶ **任务实施**

一、平面与圆柱相交

截平面相对于圆柱轴线有平行、垂直和倾斜三种不同位置,如图 3-3 所示。图 3-3(a)所示截交线为与圆柱面轴线平行的两直线。图 3-3(b)所示截交线为圆,该圆直径等于圆柱面的直径。图 3-3(c)所示截交线为椭圆。

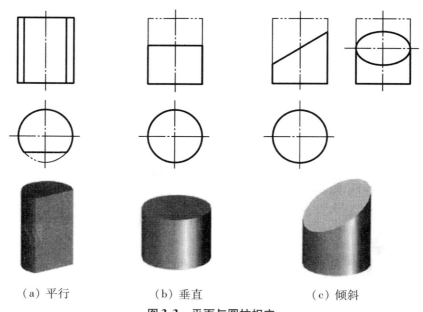

（a）平行　　　　　　　（b）垂直　　　　　　　（c）倾斜

图 3-3　平面与圆柱相交

例 3-3　如图 3-4(a)所示,圆柱被正垂面 P 截断,补全其三视图。

分析:截平面 P 与圆柱的轴线倾斜,截交线为椭圆。由于 P 是正垂面,截交线的正面投影积聚为一条直线;由于圆柱面的水平投影具有积聚性,投影为圆;而侧面投影一般情况下仍为椭圆。

作图步骤如下:

① 先确定特殊点。特殊点一般都是转向轮廓线上的点,即圆柱面上左、右、前、后四条轮廓素线与截平面 P 的交点 1、3、5、7 的三面投影,这些点根据所在素线投影的特殊性可以直接找出,如图 3-4(b)所示。

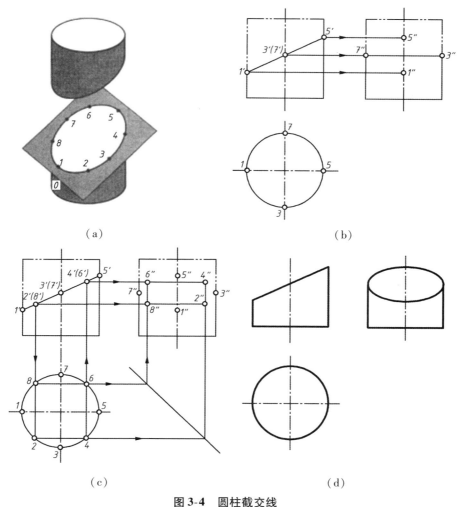

图 3-4　圆柱截交线

② 补充一般点。找出特殊点后可以大致勾画出椭圆的形状。然后通过面上取点法找到位于特殊点中间的一般点,使椭圆的形状更清晰。依次光滑连接各点,得到椭圆视图,如图 3-4(c)所示。

③ 检查投影,删除多余线段,加粗轮廓线,如图 3-4(d)所示。

例 3-4　绘制如图 3-5(a)所示切口圆柱视图。

分析:圆柱上部开槽是由两个平行于轴线的侧平面和一个垂直于轴线的水平面切割而成的。圆柱下部切肩是由两个平行于轴线的正平面与一个垂直于轴线的水平面切割而成的。

作图步骤如下:

① 画出完整圆柱的三视图,如图 3-5(b)所示。

② 画出圆柱上部开槽部分的投影,如图 3-5(c)所示。根据槽深和槽宽,先画出主视图和俯视图中开槽部分的投影,再从积聚性投影出发,按投影关系画出侧面投影。

③ 画出圆柱下部切肩部分的投影,如图 3-5(d)所示。根据肩宽和肩高,画出左视图

和俯视图中切肩部分的投影,再从积聚性投影出发,按投影关系画出正面投影。

④ 检查投影,删除多余线段,加粗轮廓线,如图 3-5(e)所示。

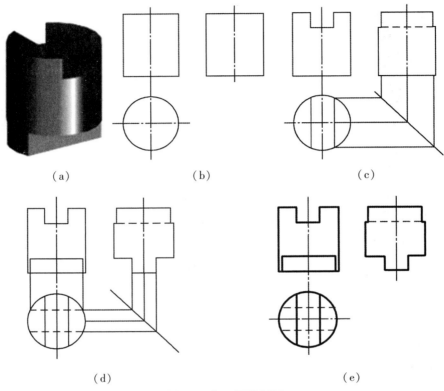

图 3-5　切口圆柱视图

二、平面与圆锥相交

截平面相对圆锥轴线的位置不同,其截交线的形状也不同。当截平面过锥顶时,截交线为三角形;当截平面垂直于圆锥轴线时,截交线为圆;当截平面与圆锥轴线倾斜时,截交线为椭圆;当截平面与圆锥轴线平行时,截交线由抛物线和直线构成,如表 3-1 所示。

表 3-1　圆锥截交线

	截平面垂直于圆锥的轴线	截平面与圆锥的所有素线都斜交	截平面平行于圆锥的一条素线	截平面平行于圆锥的两条素线	截平面通过圆锥锥顶
立体图					

续表

截交线	圆	椭圆	抛物线	双曲线	三角形
投影图	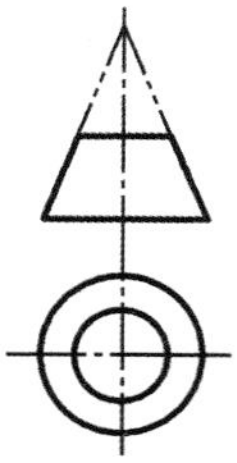	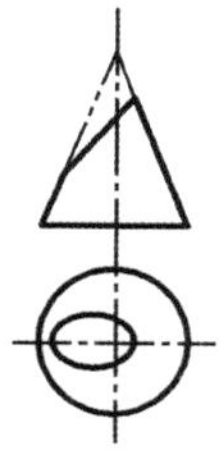	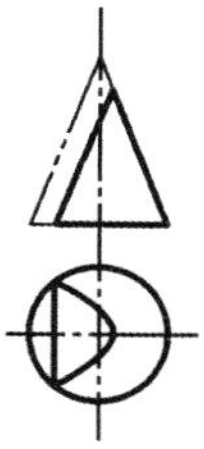	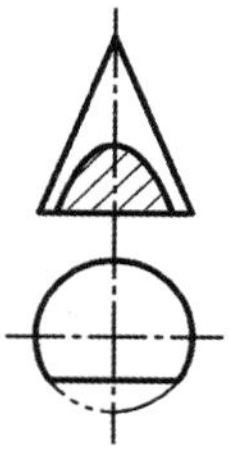	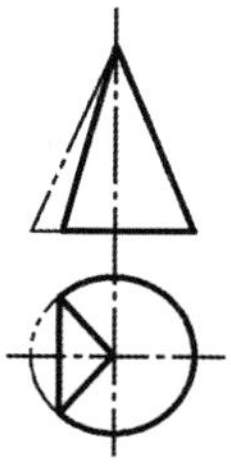

例 3-5 如图 3-6(a)所示,圆锥被正垂面 P 截断,补全其三视图。

分析:截平面 P 与圆锥的轴线倾斜,截交线为椭圆。由于 P 是正垂面,故截交线的正面投影积聚为一条直线,水平投影和侧面投影都为椭圆。

作图步骤如下:

① 补全圆锥的左视图,先确定特殊点。特殊点一般都是转向轮廓线上的点,即椭圆长轴上的两个端点 A、C 和椭圆短轴上的两个端点 B、D 的三面投影,这些点根据所在素线投影的特殊性可以直接找出,如图 3-6(b)所示。

② 补充一般点。找出特殊点后可以大致勾画出椭圆的形状。然后通过面上取点法找到位于特殊点中间的一般点,使椭圆的形状更清晰。依次光滑连接各点,得到椭圆视图,如图 3-6(c)所示。

③ 检查投影,删除多余线段,加粗轮廓线,如图 3-6(d)所示。

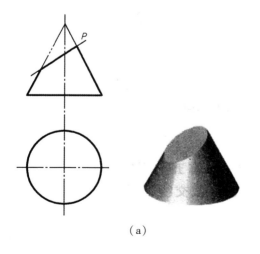

(a)

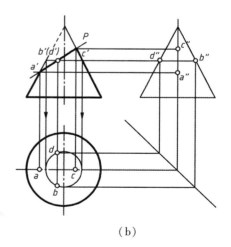

(b)

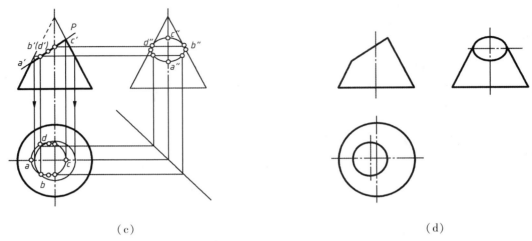

（c） （d）

图 3-6 圆锥被正垂面 *P* 截断的投影作图

三、平面与圆球相交

平面切割圆球时，截交线为圆。当截平面与投影面平行时，其投影为圆，圆的大小取决于截平面到球心的距离，如图 3-7 所示。

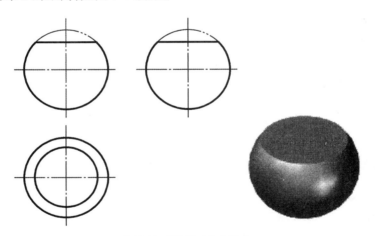

图 3-7 平面与圆球相交

例 3-6 如图 3-8（a）所示，补全带切口的半球的水平投影和侧面投影。

分析：球表面的凹槽由两个侧平面 *Q* 和一个水平面 *P* 切割形成，水平面 *P* 与球的交线为前、后两段平行于水平面的圆弧，两个侧平面 *Q* 与球的交线为两段平行于侧面的圆弧，这些圆弧的 *V* 面投影有积聚性，关键在于正确确定截交线圆弧的半径。下面用辅助作圆法求出 *H* 面和 *W* 面投影。

作图步骤如下：

① 作出截平面 *P* 的水平、侧面投影，如图 3-8（b）所示。

② 作出截平面 Q 的水平、侧面投影,如图 3-8(c)所示。

③ 检查投影,判断可见性,删除多余线段,加粗轮廓线,如图 3-8(d)所示。

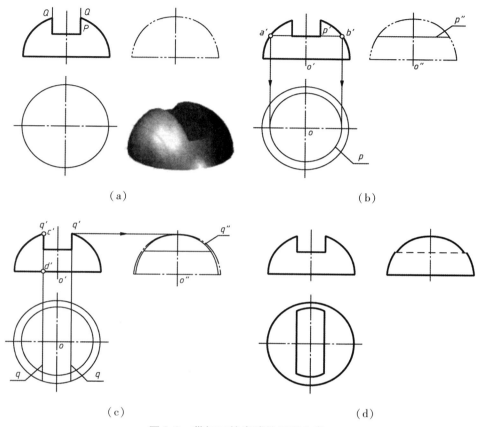

（a）

（b）

（c）

（d）

图 3-8　带切口的半球的投影作图

任务三　绘制相贯体的三视图

▶▶ 任务引导

1. 相贯线的性质

• 相贯线是相交的两立体表面共有的线,是两立体表面一系列共有点的集合,同时也是两立体表面的分界线。

• 相贯线一般是封闭的空间曲线。

• 相贯线可见性的判断原则:相贯线同时位于两个立体的可见表面上时,其投影可见,用粗实线表示;否则为不可见,用细虚线表示。

2. 相贯线的画法

画两回转体的相贯线,就是要找出相贯线上一系列的共有点,主要通过面上取点和辅助平面法求得,具体画法如下:

- 找出特殊点(包括极限位置点、转向点、可见性分界点等)。
- 求出一般点。
- 判断可见性。
- 依次光滑连接各点,检查投影,删除多余线段,加粗轮廓线。

▶▶ **任务要求**

能根据相贯线的性质,作出两个圆柱轴线垂直相交时的相贯线,掌握各种形式的相贯线的画法。

▶▶ **任务实施**

一、一般回转体表面的交线及识读

1. 两圆柱轴线垂直相交的相贯线画法

(1)表面取点法

例 3-7 如图 3-9(a)所示,已知两个半径不等的圆柱轴线垂直相交,求相贯线。

分析:两个圆柱体轴线垂直相交,相贯线为前、后、左、右都对称的封闭空间曲线。小圆柱轴线垂直于水平面,为铅垂线,相贯线的水平投影积聚为圆。大圆柱轴线垂直于侧平面,为侧垂线,相贯线的侧面投影积聚为圆。相贯线的水平投影和侧面投影分别重影在两个圆柱的积聚投影上。按点的投影规律,求得相贯线上各点的正面投影,依次光滑连接,即可得相贯线正面投影。

作图步骤如下:

① 找出特殊点。先在相贯线的水平投影上找出最左、最右、最前点 A、C、B 的投影 a、c、b,再根据投影规律,找出其正面和侧面投影,如图 3-9(b)所示。

② 求出一般点。利用积聚性,在相贯线的水平投影和侧面投影上定出 e、f 和 e'' 和 f'',再求得正面投影 e'、f',如图 3-9(c)所示。

③ 依次光滑连接各点,检查投影,删除多余线段,加粗轮廓线,如图 3-9(d)所示。

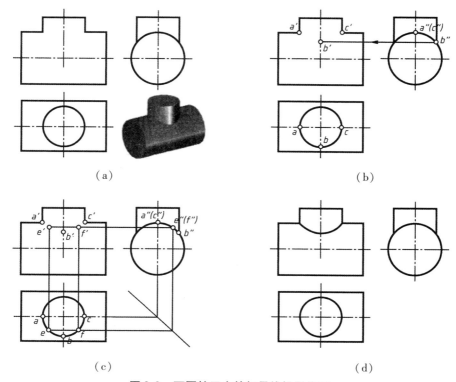

（a）　　　　　　　　　　（b）

（c）　　　　　　　　　　（d）

图 3-9　两圆柱正交的相贯线投影作图

（2）简化画法

① 当正交的两个圆柱直径相差较大时,为简化作图,其相贯线在与两圆柱轴线所确定的平面平行的投影面上的投影可以用圆弧近似代替。如图 3-10(a)所示,相贯线的正面投影用圆弧代替,该圆弧以大圆柱半径 R 为半径,圆心在小圆柱轴线上,且过 a' 和 c'。圆弧由小圆柱向大圆柱面弯曲,如图 3-10(b)所示。

② 当两圆柱直径相差很大时,相贯线投影可用直线代替。

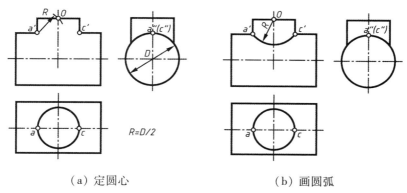

（a）定圆心　　　　　　　　　　（b）画圆弧

图 3-10　两圆柱正交的相贯线的简化画法

2. 一般相贯线的常见形式

一般相贯线有如下几种常见形式:

- 两圆柱相交,如图 3-11(a)所示。
- 圆柱孔与圆柱相交,如图 3-11(b)所示。
- 两圆柱孔相交,如图 3-11(c)所示。

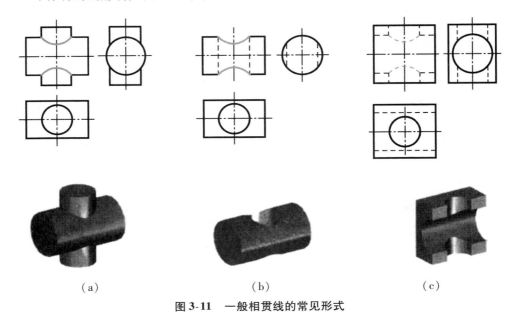

（a） （b） （c）

图 3-11 一般相贯线的常见形式

二、特殊回转体表面的交线及识读

1. 相贯线为椭圆

当两个回转体同时外切于一个球面相贯时,其相贯线为两个椭圆。如果两轴线同时平行于某投影面,则椭圆相贯线在该投影面上的投影为相交的两直线,如图 3-12 所示。

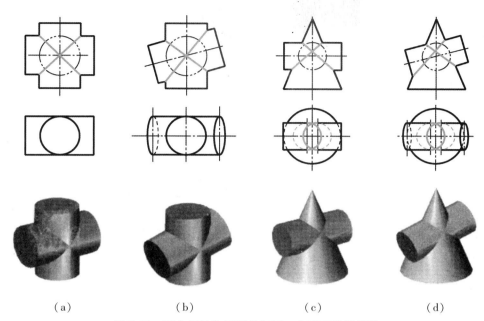

图 3-12 两个回转体同时外切于一个球面的相贯线

2. 相贯线为圆

当两回转体同轴相交时,相贯线为垂直于回转体轴线的圆。如果轴线垂直于某投影面,相贯线在该投影面上的投影为圆,在与轴线平行的投影面上的投影为直线,如图 3-13 所示。

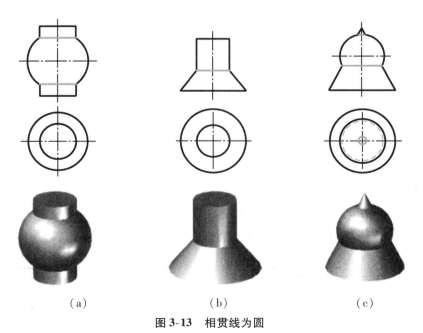

图 3-13 相贯线为圆

3. 相贯线为直线

当两个圆柱轴线平行或两圆锥共顶时,其相贯线为直线,如图 3-14 所示。

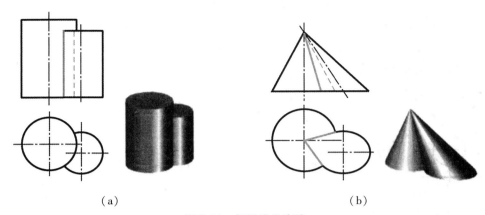

（a）　　　　　　　　　　　　　　（b）

图 3-14　相贯线为直线

任务四　应用 AutoCAD 绘制相贯体视图

▶▶ 任务引导

依据零件的尺寸,建立图幅,绘制穿孔圆柱的三视图。

▶▶ 任务要求

圆柱穿孔后,在圆柱表面形成了相贯线,掌握两回转体表面交线的性质及画法。

▶▶ 任务实施

一、绘图准备工作

1. 形体分析

如图 3-15 所示形体是由一个完整的圆柱经三次穿孔而成。

① 圆柱上部前后方向开一半圆柱孔,相贯线为两段空间曲线,其正面投影积聚在半圆柱孔的正面投影上,其水平投影积聚在圆柱的水平投影上,其侧面投影可通过表面取点或简化画法

图 3-15　穿孔圆柱

求得。

② 圆柱上下方向穿孔,与半圆柱相交,相贯线为一条闭合的空间曲线,其正面投影和水平投影具有积聚性,其侧面投影可通过表面取点或简化画法求得。

③ 圆柱前后方向穿孔,外表面与圆柱相交,相贯线为两条闭合的空间曲线,内表面与上下方向的孔相交,相贯线为一对相交的椭圆,其侧面投影为两条相交直线。

2. 选择主视图投影方向

以图示箭头方向为主视图投影方向。

二、新建图形文件

单击"标准"工具栏上的"新建"按钮或单击"文件"→"新建"命令,新建一个图形文件。

三、设置绘图环境

创建 A4 图幅,设置图层,设置文字样式,设置尺寸标注样式,绘制标题栏;或直接调用"A4.dwt"图形样板文件,使用设置好的绘图环境。

四、绘制视图

操作步骤如下:

① 画出圆柱穿半圆孔的三视图。利用相贯线的正面投影和水平投影,采用表面取点法求作相贯线上一系列点的侧面投影,依次光滑连接各点,即可作出相贯线的侧面投影,如图 3-16(a)所示。

② 画出圆柱上下方向穿孔的三面投影,如图 3-16(b)所示。

③ 画出圆柱前后方向穿孔的三面投影,如图 3-16(c)所示。

④ 检查投影,擦去多余的图线,加粗轮廓线,如图 3-16(d)所示。

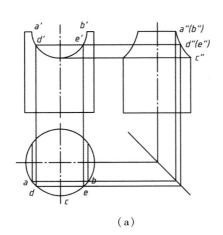

（a）

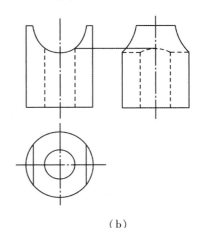

（b）

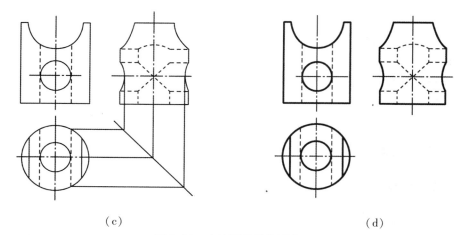

（c）   （d）

图 3-16 穿孔圆柱的投影作图

拓 展 练 习

补画带切口几何体的投影。

1.

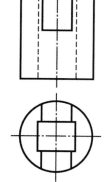

图 3-17 练习题 1

2.

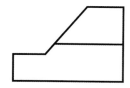 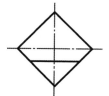

图 3-18 练习题 2

轴测图的绘制

掌握正等轴测图的画法,能够快速、熟练地绘制正等轴测图。

任务一 读三视图 绘制平面立体的正等轴测图

▶▶ 任务引导

轴测投影图简称轴测图,是将空间物体连同确定其位置的直角坐标系,沿不平行于任一坐标平面的方向,用平行投影法投射在单一投影面上所得的图形。轴测图使物体长、宽、高三个方向的形状都能形象地表现出来,立体感和直观性较好,缺点是不能反映物体的真实形状。

一、绘制轴测图的主要参数

1. 轴测图的形成

如图 4-1 所示,直角坐标轴 O_0X_0、O_0Y_0、O_0Z_0 在轴侧投影面上的投影 OX、OY、OZ 称为轴测轴,三条轴测轴的交点称为原点。

轴侧投影中,任意两坐标轴在轴测投影面的投影之间的夹角 $\angle XOY$、$\angle YOZ$、$\angle ZOX$ 称为轴间角。

轴测轴的单位长度与相应直角坐标轴的单位长度的比值称为轴向伸缩系数。OX、OY、OZ 轴上的轴向伸缩系数分别用 p_1、q_1、r_1 表示。

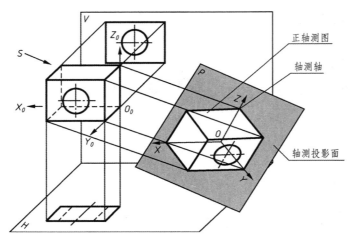

图 4-1 轴测图的形成

2. 轴测图的分类

根据投影方向与轴测投影面的相对位置,轴测图分为两类:投射方向与轴测投影面垂直所得的轴测图称为"正轴测图";投射方向与轴测投影面倾斜所得的轴测图称为"斜轴测图"。

轴间角和轴向伸缩系数是绘制轴测图的两个主要参数。正(斜)轴测图按伸缩系数是否相等又分为等测、二等测和不等测三种。

GB/T 14692—2008 推荐工程上常用的三种轴测图为:正等测、正二测和斜二测。本项目主要介绍最常用的正等轴测图。

二、正等轴测图

1. 轴间角

正等轴测图中的轴间角 $\angle XOY = \angle YOZ = \angle ZOX = 120°$。作图时,通常将 OZ 轴画成铅垂位置,然后画出 OX、OY 轴,如图 4-2(a)所示。

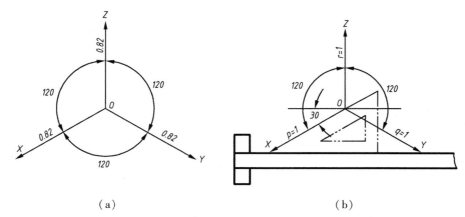

（a）   （b）

图 4-2 正等轴测图轴间角和轴向伸缩系数

2. 简化轴向伸缩系数

在正等轴测图中,空间直角坐标系的三根轴与轴测投影面的倾角约为35°16′,三根轴的轴向伸缩系数 $p_1 = q_1 = r_1 \approx \cos 35°16′ \approx 0.82$。在画轴测图时,物体长、宽、高方向的尺寸均要缩小,约为原长的82%,如图4-2(a)所示。为了作图方便,通常采用简化的轴向伸缩系数,即 $p_1 = q_1 = r_1 = 1$,如图4-2(b)所示。作图时,凡平行于轴测轴的线段可直接按物体相应线段的实际长度绘制。按这种方法画出的正等轴测图,各轴向的长度分别放大了大约 $1/0.82 \approx 1.22$ 倍,但物体形状不变。

三、轴测图的投影特性

由于轴测投影采用的是平行投影,因此具有平行投影的基本特性。

1. 平行性

物体上相互平行的线段,在轴测图上仍然相互平行。

2. 定比性

物体上两平行线段或同一直线上的两段线段之比,在轴测图上保持不变。

3. 从属性

直线上的点投影后仍在直线的轴测投影上;平面上的线段投影后仍在平面的轴测投影上。

4. 实形性

物体上平行于轴测投影面的直线和平面,在轴测图上反映实长和实形。

▶▶ 任务要求

掌握平面立体正等轴测图的画法。

▶▶ 任务实施

一、绘制正六棱柱的正等轴测图

画物体轴测图的基本方法是坐标法和切割法。坐标法是沿坐标轴测量画出各顶点的轴测投影,并依次连接各点,完成物体的轴测图。对于不完整的形体,也可按完整形体画出,然后用切割的方法画出其不完整部分。

例4-1　作图4-3(a)所示正六棱柱的正等轴测图。

分析:正六棱柱前后、左右对称,将坐标原点 O_0 设定在上底面正六边形的中心,以正六边形的对称中心线为 X_0、Y_0 轴。这样便于直接作出底面六边形各顶点的坐标,用坐标法从上底面开始作图。

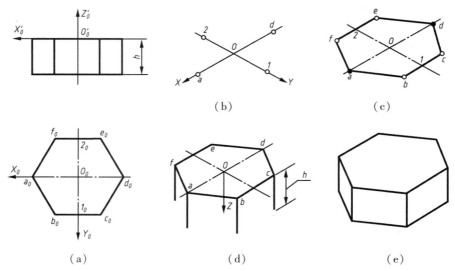

图 4-3　正六棱柱的正等轴测图画法

作图步骤如下：

① 定出坐标原点 O_0 和坐标轴 O_0X_0、O_0Y_0、O_0Z_0[图 4-3(a)]。

② 画出轴测轴 OX、OY，由于 a_0、d_0 和 1_0、2_0 分别在 O_0X_0、O_0Y_0 轴上，可直接量取，并在 OX、OY 上作出 a、d 和 1、2[图 4-3(b)]。

③ 通过 1、2 作 OX 轴的平行线，分别量得 b、c 和 e、f，连接各点 a、b、c、d、e、f，即得上底面正六边形轴测图[图 4-3(c)]。

④ 作轴测轴 OZ，由 a、b、c、f 各点向下作 OZ 轴的平行线，并在其上截取高度 h 作出下底面上可见各顶点[图 4-3(d)]。

⑤ 连接下底面各点，擦去作图线，描深，完成正等轴测图[图 4-3(e)]。

由作图过程可知，因为轴测图只要求画出可见轮廓线，不可见轮廓线一般不必画出，所以将原点取在上底面上，直接画出可见轮廓线，使作图过程简化。

二、根据三视图绘制正等轴测图

例 4-2　根据 4-4(a)所示的三视图，画正等轴测图。

分析：该形体可看作是一个长方体经过简单的切割和叠加而成。

作图步骤如下：

① 画轴测轴，先作出完整的长方体，再切割成 L 形柱体，如图 4-4(b)所示。

② 切去左上角三棱柱，如图 4-4(c)所示。

③ 切去左下角长方体，如图 4-4(d)所示。

④ 叠加右侧三棱柱，如图 4-4(e)所示。

⑤ 描深可见轮廓线，完成正等轴测图，如图 4-4(f)所示。

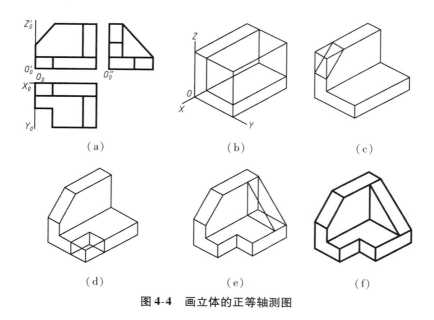

（a）　　　　　　　（b）　　　　　　　（c）

（d）　　　　　　　（e）　　　　　　　（f）

图 4-4　画立体的正等轴测图

任务二　绘制回转体的正等轴测图

▶▶ 任务引导

　　简单的曲面立体有圆柱、圆锥、圆台等，它们的端面或断面都是圆，因此画曲面立体的正等轴测图的关键在于掌握圆的画法。

▶▶ 任务要求

　　掌握圆柱体的正等轴测图的画法。

▶▶ 任务实施

一、绘制圆柱与圆锥的正等轴测图

　　如图 4-5（a）所示，直立圆柱的轴线垂直于水平面，上、下底面为两个与水平面平行且大小相同的圆，其轴测投影为椭圆。根据圆的直径和柱高 h 作出两个形状、大小相同，中心间距为 h 的椭圆，然后作两椭圆的公切线，即得圆柱的正等轴测图。

作图步骤如下：

① 以上底圆的圆心为原点 O_0，上底圆的中心线 O_0X_0、O_0Y_0 和圆柱轴线 O_0Z_0 为坐标轴，作上底圆的外切正方形，得切点 a_0、b_0、c_0、d_0，如图 4-5(a) 所示。

② 作轴测轴和四个切点的轴测投影 a、b、c、d，过四点分别作 OX、OY 的平行线，得外切正方形的轴测菱形，如图 4-5(b) 所示。

③ 过菱形顶点 1、2，连接 1、c 和 2、b，与菱形的对角线相交得交点 3，连接 2、a 和 1、d 得交点 4，则 1、2、3、4 点即为作近似椭圆四段圆弧的圆心。以 1、2 为圆心，$1c$、$2a$ 为半径作圆弧 cd 和 ab，以 3、4 为圆心，$3b$、$4d$ 为半径作圆弧 bc 和 da，即为上底圆的轴测椭圆。将椭圆的三个圆心 2、3、4 沿 Z 轴平移高度 h，作出下底椭圆，下底椭圆看不见的一半椭圆弧不必画出，如图 4-5(c) 所示。

④ 作两椭圆的公切线，擦去作图线，描深，如图 4-5(d) 所示。

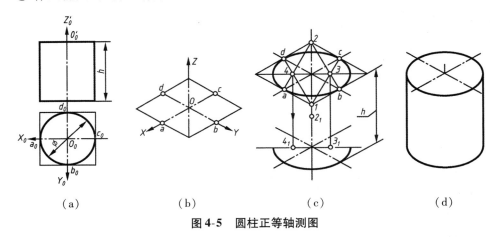

(a)　　　　(b)　　　　(c)　　　　(d)

图 4-5　圆柱正等轴测图

例 4-3　如图 4-6(a) 所示，作带平面切口的圆柱的正等轴测图。

分析：图 4-6(a) 所示为带平面切口圆柱的主、左视图。P 面与圆柱面的交线是平行于侧面的圆弧，Q 面与圆柱面的交线是两条平行于 OX 轴的直线，Q 面与圆柱端面的交线以及两截平面的交线都平行于 OY 轴。先画出完整的圆柱体，再用切割的方法画出切口部分。为了便于切口部分的作图，将坐标原点定在左端面的中心，使 OX 轴与圆柱轴线重合。

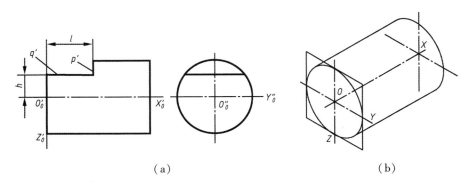

(a)　　　　　　　　　　　　(b)

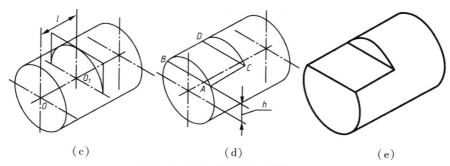

（c）　　　　　　　　（d）　　　　　　　　（e）

图 4-6　带切口圆柱的正等轴测图

作图步骤如下：

① 画出轴测轴和完整的圆柱体，如图 4-6(b)所示。

② 在 OX 轴上量取 l，作出侧平面 P 与圆柱面的交线椭圆弧，如图 4-6(c)所示。

③ 在 OZ 轴上量取 h，作出水平面 Q 与圆柱左端面的交线 AB，与圆柱面的交线 AC、BD，以及面 P 与面 Q 的交线 CD，如图 4-6(d)所示。

④ 清理图面，加深可见轮廓线，完成作图，如图 4-6(e)所示。

例 4-4　如图 4-7(a)所示，画出圆锥被正平面 P 切割后的正等轴测图。

分析：正平面切割正圆锥面形成的交线是一条双曲线，图 4-7(a)所示为正投影图上近似画出的该曲线投影。画轴测图时可用坐标法定出曲线上各点位置，然后连成曲线。

作图步骤如下：

① 画出完整圆锥的正等轴测图，沿 OY 轴截取 l 作 $AE /\!/ OX$，即正平面 P 与锥底面的交线，按俯视图上 a_0、b_0、c_0、d_0、e_0 各分点的坐标，在轴测图上作出 a、b、c、d、e 各点的位置，如图 4-7(b)所示。

② 过 a、b、c、d、e 各点作平行于 OZ 轴的直线，并在其上量取它们在主视图中相应的高度，得交线上一系列点 A、B、C、D、E，如图 4-7(c)所示。

③ 依次光滑连接 A、B、C、D、E，即得交线的轴测图。清理图面，加深可见轮廓线，完成作图，如图 4-7(d)所示。

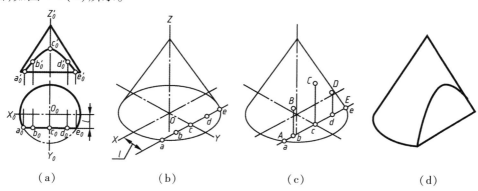

（a）　　　　　　（b）　　　　　　（c）　　　　　　（d）

图 4-7　平面切割圆锥的正等轴测图

二、半圆与圆角

半圆柱体与四分之一圆周是机件中最常见的形体,如图4-8(a)所示的形体由半圆竖板和具有圆角的底板两部分组成。

作图步骤如下:

① 先画出 L 形柱体的轴测图,并按半圆和圆角半径 R 得到切点 A、B、C 和 D、E、F,如图4-8(b)所示。

② 过底板上圆弧切点 D、E 和 F、G 分别作相应各边的垂线,得交点 O_3 和 O_4,以 O_3 为圆心,O_3D、O_4F 为半径作圆弧,如图4-8(c)所示。同样地,作圆弧 $\overset{\frown}{AB}$、$\overset{\frown}{AC}$。

③ 从圆心 O_3、O_4 向下量取底板的厚度,得到下底面的圆心,用同样的方法作圆弧,如图4-8(d)所示。

④ 如图4-8(b)至图4-8(d)所示,画底板圆角时,也是竖板半圆的作图过程。作竖板前后壁两段圆弧以及底板右端面两段小圆弧的公切线。清理图面,描深可见轮廓线,如图4-8(e)所示。

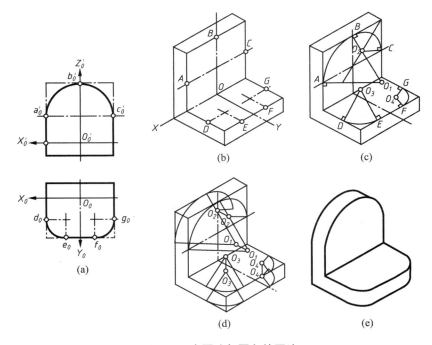

图4-8 半圆头与圆角的画法

任务三　应用 AutoCAD 绘制正等轴测图

▶▶ 任务引导

使用 AutoCAD 绘制轴测图,即根据零件三视图绘制相应的轴测图,可利用更改捕捉类型及使用极轴追踪方法绘图。

▶▶ 任务要求

掌握应用 AutoCAD 绘制正等轴测图的方法。

▶▶ 任务实施

一、轴测图的激活

AutoCAD 为绘制轴测图提供了轴测图绘图环境。用户可以使用"草图设置",激活轴测图模式。

1. 使用"草图设置"激活

在命令行中输入"dsettings"并按回车键,或选择"工具"→"草图设置"命令,弹出"草图设置"对话框,切换到"捕捉和栅格"选项卡,在"捕捉类型"选项组中选择"等轴测捕捉"单选按钮,如图 4-9 所示,单击"确定"按钮,启动等轴测模式,此时绘图的光标显示等轴测图样式。

2. 执行 snap 命令激活

AutoCAD 中 snap 命令可以在标准绘图模式与轴测图模式之间进行切换,操作步骤如下:

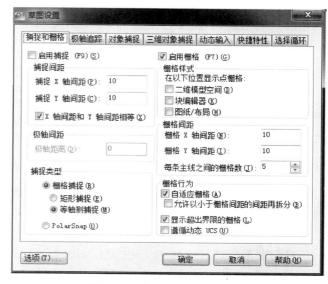

图 4-9　"草图设置"对话框

命令:snap↙(执行 snap 命令)

指定捕捉间距或[打开(ON)/关闭(OFF)/纵横向间距(A)/传统(L)/样式(S)/类型(T)]<0.500>:S↙(激活样式选项)

输入捕捉栅格类型[标准(S)/等轴测(I)]<S>:I↙(激活等轴测选项)

指定垂直间距<0.5000>:(输入垂直间距)

二、绘制直线

在等轴测模式下绘制直线与正常模式相同,不过等轴测图中经常需要绘制特定角度上的直线。在等轴测模式下绘制平行线,一般使用复制或者偏移命令来完成。

在等轴测模式下绘图时,平行于三个坐标轴方向的直线分别为 30°、90°和 150°极轴方向,因此这三个角度是最常用的追踪角度。在等轴测模式下,开启极轴追踪、对象捕捉和自动追踪功能,并在"草图设置"对话框中设置极轴追踪增量角为 30°,如图 4-10 所示。

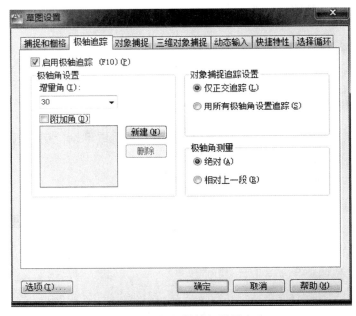

图 4-10　设置极轴捕捉增量角度

三、绘制等轴测圆和圆弧

根据等轴测图形的形成方式,可知圆的等轴测投影是椭圆,当圆位于不同的轴测面时,椭圆长、短轴的位置是不同的,在绘制等轴测圆之前,首先要按【F5】键,将等轴测平面切换到圆所在的平面。

激活轴测模式后,在命令行中输入"ellipse"并按回车键,单击"绘图"工具栏中的"椭圆"按钮 ⬤,用圆心的方式画椭圆,在命令行中选择"等轴测椭圆"选项,输入圆的半径,即创建对应大小的椭圆,如图 4-11 所示。

在等轴测图中绘制圆弧,即先绘制等轴测圆,然后进行修剪,如图4-12所示。

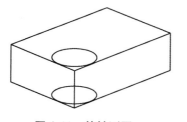 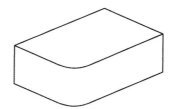

图4-11　等轴测圆　　　　图4-12　修剪后的等轴测圆弧

四、绘制正等轴测图

绘制如图4-13所示的正等轴测图。操作步骤如下:

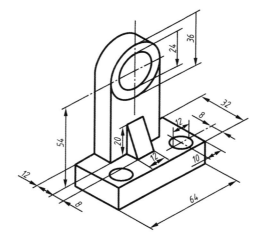

图4-13　正等轴测图

① 新建图形文件。

② 设置图层。

③ 在命令行中输入"ds"并按回车键,打开"草图设置"对话框,切换到"捕捉和栅格"选项卡,在"捕捉类型"选项组中选择"等轴测捕捉",启动等轴测模式,如图4-9所示。

④ 切换到"极轴追踪"选项卡,设置"增量角"为30°,如图4-14所示。单击"确定"按钮完成设置。

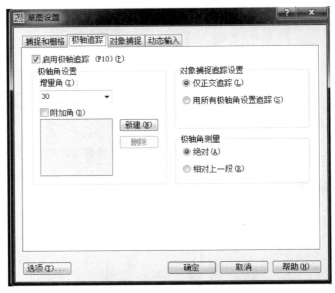

图 4-14　设置极轴追踪角

⑤ 选择"轮廓线"图层,按【F5】键,将等轴测平面切换至俯视平面,执行"直线"命令,绘制如图 4-15 所示矩形。

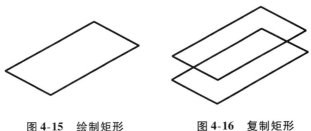

图 4-15　绘制矩形　　　　图 4-16　复制矩形

⑥ 执行"复制"命令,将底面轮廓沿 90°极轴方向复制 15 个单位,如图 4-16 所示。

⑦ 执行"直线"命令,捕捉端点绘制连接线,并删除被遮挡线条,如图 4-17 所示。

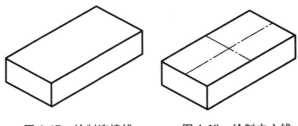

图 4-17　绘制连接线　　　　图 4-18　绘制中心线

⑧ 选择"中心线"图层,执行"直线"命令,捕捉中点绘制中心线,如图 4-18 所示。

⑨ 执行"复制"命令,将平行于 OY 轴的中心线沿 90°极轴方向复制 54 个单位,如图 4-19 所示。

⑩ 选择"轮廓线"图层,按【F5】键,将等轴测平面切换到右视平面,在命令行中输入"ellipse"并按回车键,选择"等轴测圆"选项,在中心线端点绘制直径为20、36的两个等轴测圆,执行"复制"命令,沿330°极轴复制椭圆,距离为12,如图4-20所示。

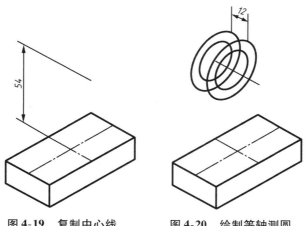

图4-19　复制中心线　　　图4-20　绘制等轴测圆

⑪ 执行"直线"命令,经过圆心绘制210°极轴方向的中心线,然后由中心线与圆的交点向下绘制竖直直线,如图4-21所示。

⑫ 重复上一步操作,绘制另外两条竖直直线,如图4-22所示。

⑬ 执行"直线"命令,以竖直直线与矩形边线为起点绘制直线,如图4-23所示。

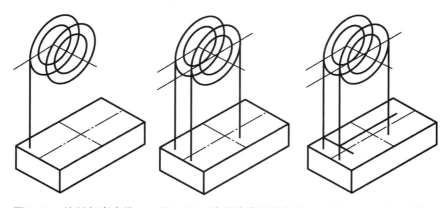

图4-21　绘制竖直直线　　　图4-22　绘制其他竖直直线　　　图4-23　绘制直线

⑭ 执行"直线"命令,绘制连接直线并修剪线条,如图4-24所示。

⑮ 执行"直线"命令,复制中心线和轮廓线;执行"直线"命令,由偏移线与轮廓线交点绘制竖直直线,如图4-25所示。

⑯ 执行"直线"命令,绘制肋板轮廓,并修剪图形,如图4-26所示。

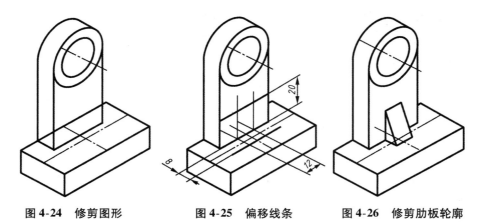

图 4-24　修剪图形　　　　图 4-25　偏移线条　　　　图 4-26　修剪肋板轮廓

⑰ 执行"复制"命令,复制矩形边线,并将复制的直线切换到中心线图层,如图 4-27 所示。

⑱ 在命令行输入"ellipse"并按回车键,选择"等轴测圆"选项,绘制直径为 12 的两个等轴测圆,如图 4-28 所示。

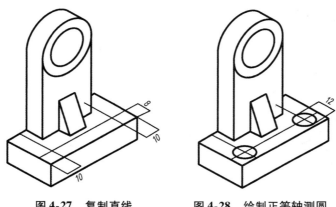

图 4-27　复制直线　　　　图 4-28　绘制正等轴测圆

⑲ 选择"格式"→"文字样式"命令,在弹出的对话框中,新建名为"左倾斜"的文字样式。选择 gbenor. shx 字体,选中"使用大字体"复选框,在"大字体"下拉列表框中选择 gbcbig. shx 字体,设置文字倾斜角度为"－30",如图 4-29 所示。

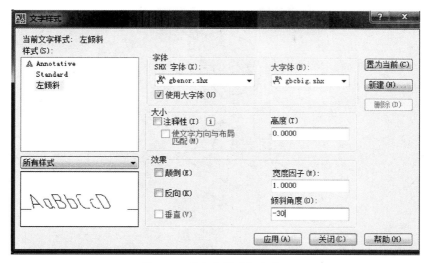

图 4-29　"文字样式"对话框

⑳ 用同样的方法设置右倾斜。

㉑ 将"左倾斜"设置为当前样式。单击"标注"工具栏中的"对齐"按钮 ⟋，标注如图 4-30 所示尺寸。

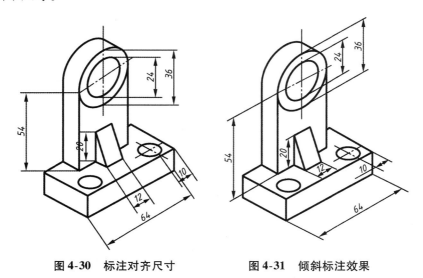

图 4-30　标注对齐尺寸　　　图 4-31　倾斜标注效果

㉒ 选择"标注"→"倾斜"命令，将上一步标注的 X 方向尺寸倾斜 $-30°$，将 Z 方向的尺寸倾斜 $30°$，效果如图 4-31 所示。

㉓ 将"右倾斜"尺寸样式设置为当前样式，单击"标注"工具栏中的"对齐"按钮 ⟋，标注尺寸，如图 4-32 所示。

㉔ 选择"标注"→"倾斜"命令，将上一步标注的 X 方向尺寸（圆孔直径）倾斜 $90°$，将 Y 方向尺寸倾斜 $30°$，最终完成效果如图 4-13 所示。

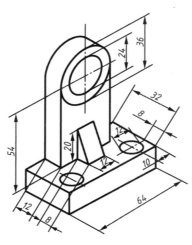

图 4-32　倾斜标注

拓展练习

绘制轴测图。

1.

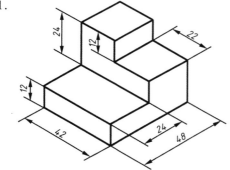

图 4-33　练习题 1

2.

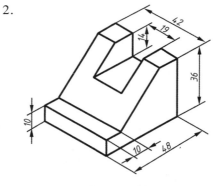

图 4-34　练习题 2

3.

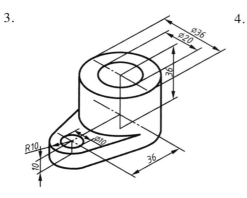

图 4-35　练习题 3

4.

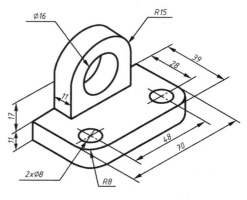

图 4-36　练习题 4

项目五 组合体的识读与绘制

学习目标

- 了解组合体的连接方式,掌握其视图画法。
- 掌握组合体视图的识读方法。
- 掌握应用 AutoCAD 绘制组合体视图的方法。

任务一 了解组合体的连接方式

▶▶ 任务引导

从几何角度看,机器零件形状千差万别,但都可以将其看成由若干简单的棱柱、棱锥、圆柱、圆锥等基本体组合而成。由基本体组合而成的物体称为组合体。

▶▶ 任务要求

了解组合体的连接方式,了解组合体上相邻表面之间的连接关系。

▶▶ 任务实施

组合体按其构成的方式,通常分为叠加型和切割型两种。叠加型组合体是由若干基本体叠加而成的。切割型组合体则可看成由基本体经过切割或穿孔后形成的。多数组合体则是既有叠加又有切割的综合型。

图 5-1(a)所示的螺栓(毛坯)由六棱柱、圆柱和圆台叠加而成。图 5-1(b)所示的压块(模型)由四棱柱经过若干次切割后形成。图 5-1(c)所示的支座由圆柱等基本体叠加和切割后综合形成。

（a）叠加型

（b）切割型

（c）综合型

图 5-1　组合体的连接方式

组合体中的基本体经过叠加、切割或穿孔后,基本体的相邻表面之间可能形成平齐或不平齐、相切或相交四种特殊关系,如图 5-2 所示。

（1）表面平齐

相邻两基本体的表面平齐(共面)叠加时,不应有线隔开[图 5-2(a)]。

（2）表面不平齐

相邻两基本体的表面相错(不共面)叠加时,应有线隔开[图 5-2(b)]。

（3）表面相切

相邻两基本体的表面相切时,由于相切处两表面是光滑过渡的,所以相切处不应画线[图 5-2(c)]。

（4）表面相交

相邻两基本体的表面相交时,在相交处应画出交线[图 5-2(d)]。

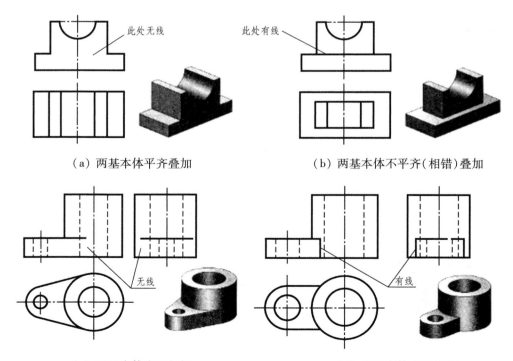

（a）两基本体平齐叠加

（b）两基本体不平齐(相错)叠加

（c）两基本体表面相切

（d）两基本体表面相交

图 5-2　相邻表面之间的连接关系

任务二　绘制组合体视图

▶▶ 任务引导

形体分析法是指假想将组合体分解为若干基本体,分析它们的组合形式和相对位置,弄清组合体的形体特征。

画组合体视图时,首先要运用形体分析法将组合体分解为若干基本体,分析它们的组合形式和相对位置,判断基本体间相邻表面是否处于平齐、相切或相交的关系,然后逐个画出各基本体的三视图。

▶▶ 任务要求

能熟练运用形体分析法作出零件三视图。

▶▶ 任务实施

一、叠加型组合体的视图画法

1.形体分析

如图 5-3(a)所示支架,根据形体特点,可将其分解为五部分,如图 5-3(b)所示。

从图 5-3(a)可看出:肋板的底面与底板的顶面叠合,底板的两侧面与圆柱体相切,肋板与耳板的侧面均与圆柱体相交,凸台与圆柱体轴线垂直相交,两圆柱的通孔连通。

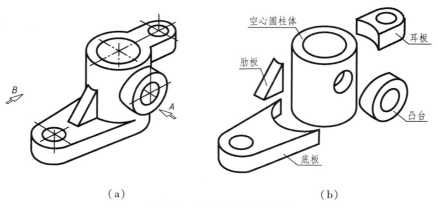

（a）　　　　　　　　　　（b）

图 5-3　支座及其形体分析

2. 选择视图

如图 5-3(a)所示,将支座按自然位置安放后,比较箭头所示两个投影方向,选择 *A* 向作为主视图的投影方向比 *B* 向要好。因为 *A* 向表达组成支座的基本体及它们之间的相对位置关系最清楚,最能反映支座的整体结构形状特征。

3. 作图步骤

选好适当比例和图纸幅面,然后确定视图位置,画出各视图主要中心线和基准线。按形体分析法,从主要的基本体着手,并按各基本体的相对位置以及表面连接关系,画出它们的三视图,具体作图步骤如图 5-4 所示。

4. 注意事项

① 运用形体分析法,画出各部分的基本体,同一基本体的三视图应按投影关系同时画出,而不是先画完组合体的一个视图后,再画另一个视图。这样可以提高绘图速度,减少投影作图错误。

② 画出每一部分的基本体时,应先画反映该部分形状特征的视图。

③ 完成各基本体的三视图后,应检查基本体间表面处的投影是否正确。

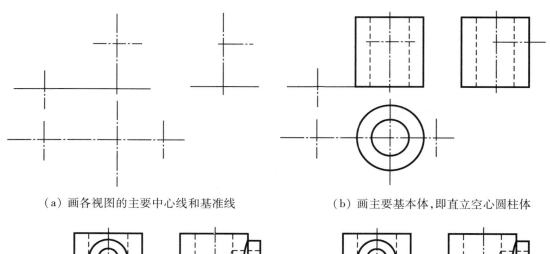

　　(a)画各视图的主要中心线和基准线　　　　(b)画主要基本体,即直立空心圆柱体

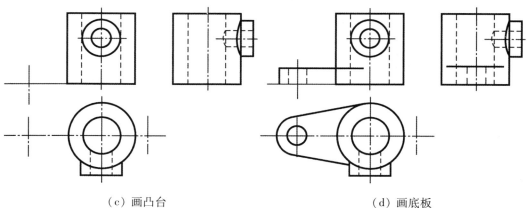

　　　　　(c)画凸台　　　　　　　　　　　　(d)画底板

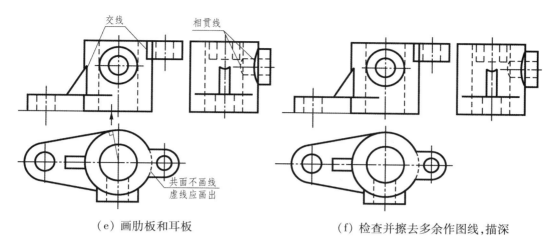

（e）画肋板和耳板　　　　　　　　　　（f）检查并擦去多余作图线，描深

图 5-4　叠加型组合体

二、切割型组合体的视图画法

1. 形体分析

图 5-5 所示组合体可看成由长方体切去基本体 1、2、3 而形成。

2. 作图步骤

作图过程如图 5-5 所示。

3. 注意事项

① 作每个切口投影时，应先从反映基本体特征轮廓且具有积聚性投影的视图开始，再按投影关系画出其他视图。

② 注意切口截面投影的类似性。

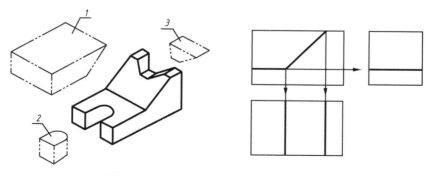

（a）形体分析　　　　　　　　（b）由切口的主视图补画俯、左视图

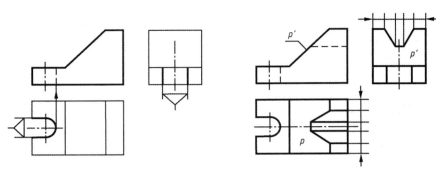

（c）由圆槽的俯视图补画主、左视图　　　　　　（d）p 和 p' 为类似形

图 5-5　切割型组合体

三、组合体的尺寸标注

　　视图只能表达组合体的结构和形状,其大小则要根据图中所标注的尺寸确定。为便于看图,组合体尺寸标注应满足正确、齐全和清晰的基本要求。"正确"是指符合国家标准的规定;"齐全"是指标注尺寸既不遗漏,也不多余;"清晰"是指尺寸注写布局整齐、清楚,便于看图。要掌握组合体的尺寸标注,首先必须熟悉基本体的尺寸标注。

1. 基本体的尺寸标注

　　基本体的大小通常由长、宽、高三个方向的尺寸确定。对于底面为正多边形的棱柱或棱锥,在标注了高度尺寸后,底面尺寸通常只注出正多边形外接圆的直径,如图 5-6（a）所示。圆柱、圆锥（或圆台）的底圆直径尺寸数字前应加注"ϕ",圆球在直径数字前应加注"$S\phi$",如图 5-6（b）所示。

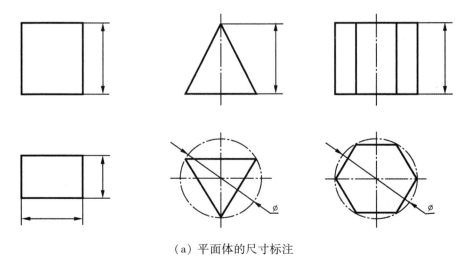

（a）平面体的尺寸标注

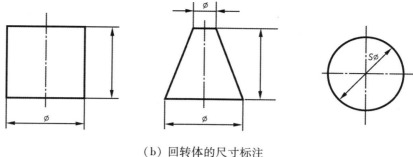

（b）回转体的尺寸标注

图 5-6 基本体的尺寸标注

2. 带切口基本体的尺寸标注

对于带切口的基本体，除了标注基本形体的尺寸外，还应标注出确定截平面位置的尺寸，如图 5-7 所示。由于截平面与基本体的相对位置确定后，切口的交线已完全确定，因此不应在交线上标注尺寸。

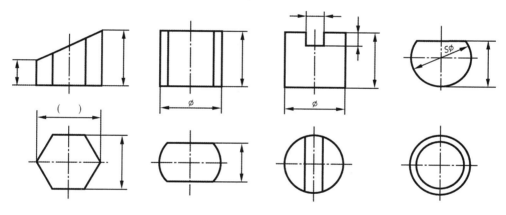

图 5-7 带切口基本体的尺寸标注

3. 组合体的尺寸标注

要使尺寸标注齐全，既不遗漏，也不重复，应先按形体分析的方法标注出各基本体的大小尺寸（定形尺寸），再确定它们之间的相对位置尺寸（定位尺寸），最后根据组合体的结构特点标注总体尺寸。

① 定形尺寸。确定组合体中各基本形体大小的尺寸，如图 5-8（a）所示。

② 定位尺寸。确定组合体中各基本形体之间相对位置的尺寸，如图 5-8（b）所示。

③ 总体尺寸。确定组合体在长、宽、高三个方向的总长、总宽和总高的尺寸，如图 5-8（c）所示。

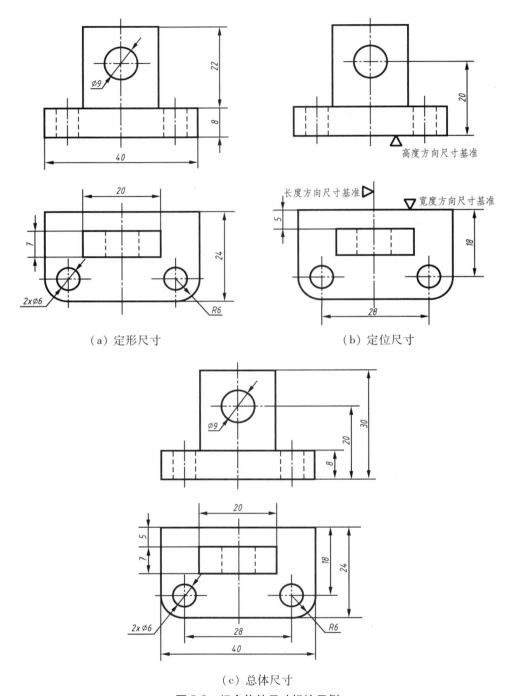

（a）定形尺寸　　　　　　　　　　　　（b）定位尺寸

（c）总体尺寸

图 5-8　组合体的尺寸标注示例

　　为了便于看图,标注尺寸应排列适当、整齐、清晰。为此,标注尺寸时要注意以下几点:

　　① 突出特征。将定形尺寸标注在形体特征明显的视图上。

② 相对集中。同一形体的尺寸应尽量集中标注。

③ 排列整齐。尺寸排列要整齐、清楚。尺寸尽量标注在两个相关视图之间和视图的外面。同一方向的尺寸线最好画在一条线上,不要错开。

④ 布局清晰。根据尺寸的大小,依次排列,大尺寸在外、小尺寸在内,尽量避免尺寸线与尺寸线、尺寸界线、轮廓线相交。

图 5-9 所示为几种常见平面图形尺寸的标注示例。

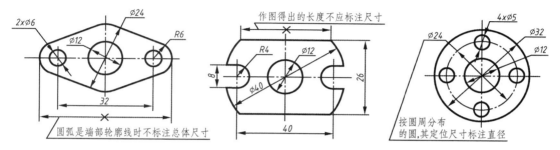

图 5-9　几种常见平面图形尺寸的标注示例

例 5-1　标注支架尺寸。

① 逐个标注出各基本体的定形尺寸,如图 5-10 所示。

② 标注确定各基本体之间相对位置的定位尺寸。

先选定支架长、宽、高三个方向的尺寸基准标注定位尺寸,如图 5-11 所示。

③ 标注总体尺寸。

为了表示组合体外形的总长、总宽和总高,应标注相应的总体尺寸,如图 5-12 所示。

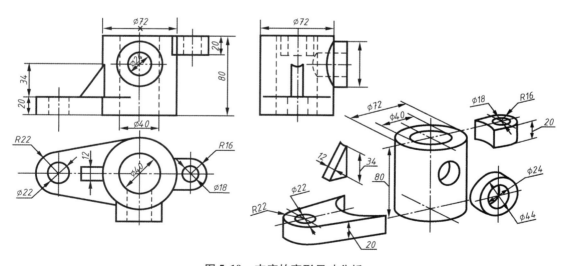

图 5-10　支座的定形尺寸分析

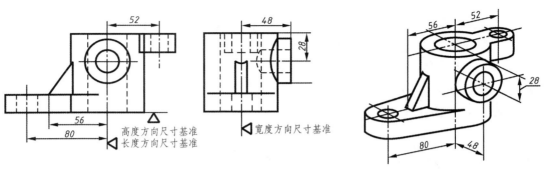

图 5-11 支座的定位尺寸分析

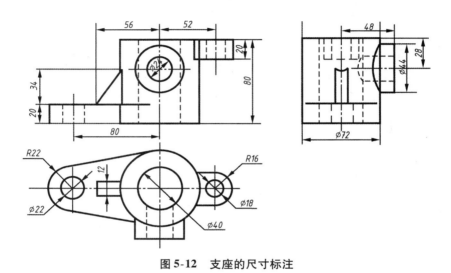

图 5-12 支座的尺寸标注

任务三 掌握组合体视图识读方法

▶▶ 任务引导

画图是将空间形体用正投影法表示在二维平面上。识图则是根据已经画出的视图,通过投影分析想象出物体的形状,是从二维图形建立三维形体的过程。画图和识图是相辅相成的,识图是画图的逆过程。为了正确而迅速地读懂组合体的视图,必须掌握识图的基本要领和基本方法。

▶▶ **任务要求**

掌握组合体视图的识读方法。

▶▶ **任务实施**

一、识图的基本要领

1. 几个视图联系起来识读才能确定物体的形状

在机械图样中,机件的形状一般是通过几个视图来表达的,每个视图只能反映机件的一个方向的形状。因此,仅由一个或者两个视图往往不能唯一地确定机件形状。

如图 5-13 所示,六组视图分别表示了形状各异的六种形状的物体。但图 5-13(a)所示物体的主视图都相同,图 5-13(b)所示物体的俯视图都相同。

如图 5-14 所示三组视图表示不同形状的物体,它们的主、俯视图都相同。

由以上可知:识图时必须将几个视图联系起来,互相对照分析,才能正确地想象出该物体的形状。

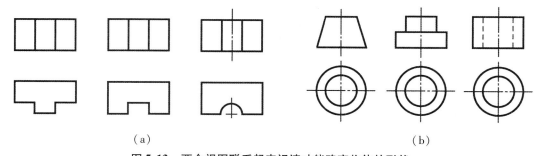

（a） （b）

图 5-13 两个视图联系起来识读才能确定物体的形状

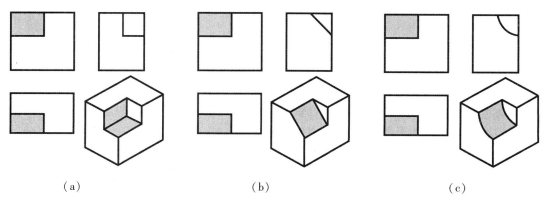

（a） （b） （c）

图 5-14 三个视图联系起来识读才能确定物体的形状

2. 理解视图中线框和图线的含义

视图中的每一个封闭线框,通常都是物体上一个表面的投影。如图 5-15(a)所示,主视图中有四个封闭线框,对照俯视图可知,线框 a'、b'、c'分别是六棱柱前后六个棱面的重合投影,线框 d'则是圆柱体前后(对称)半圆柱面的重合投影。

若两线框相邻或大线框中套有小线框,则表示物体上不同位置的两个表面。如图 5-15(a)所示,俯视图中大线框六边形中的小线框圆,就是六棱柱顶面与圆柱顶面的投影。对照主视图分析,圆柱顶面在上,六棱柱顶面在下。主视图中的线框 a'与左面的线框 b'以及右面的线框 c'是相交的两个表面,线框 a'与线框 d'是相错的两个表面,对照俯视图,六棱柱前后的棱面 A 在圆柱面 D 之前。

视图中的每条图线,可能是立体表面有积聚性的投影或两平面交线的投影,也可能是曲面转向轮廓线的投影。如图 5-15(b)所示,主视图中的 $1'$是圆柱顶面有积聚性的投影,$2'$是 A 面与 B 面交线的投影,$3'$是圆柱面转向轮廓线的投影。

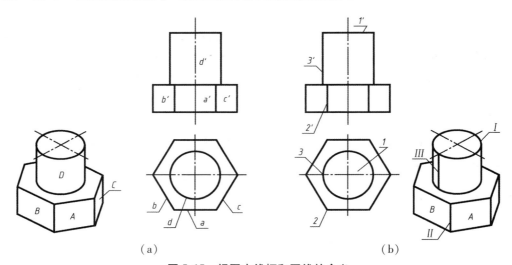

(a)　　　　　　　　　　　　　　　　(b)

图 5-15　视图中线框和图线的含义

3. 从反映基本体特征的视图入手

(1)形状特征视图

形状特征视图是指能清楚表达物体形状特征的视图。

一般主视图能较多反映组合体的整体形状特征,所以读图时常从主视图入手,但组合体各部分的形状特征不一定都集中在主视图上。

如图 5-16 所示支架,由三部分叠加而成,主视图反映竖板的形状和底板、肋板的相对位置,但底板和肋板的形状则在俯、左视图上反映。故识读图时必须找出能反映各部分形体特征的视图,再配合其他视图,就能快速、准确地想象出组合体的空间形状。

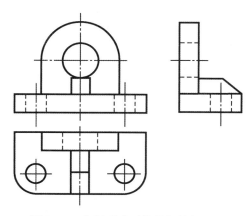

图 5-16　分析反映形体特征的视图

（2）位置特征视图

位置特征视图指能清楚表达构成组合体的各基本体之间的相互位置关系的视图。

如图 5-17 所示的两个物体，主视图中线框Ⅰ内的小线框Ⅱ、Ⅲ，它们的形状特征很明显，但相对位置不清楚。如前所述，若线框内有小线框，表示物体上不同位置的两个表面。对照俯视图可看出，圆形和矩形线框中一个是孔，另一个向前凸出，但并不能确定哪个形体是孔，哪个形体向前凸出，只有对照主、左视图识读才能确定。

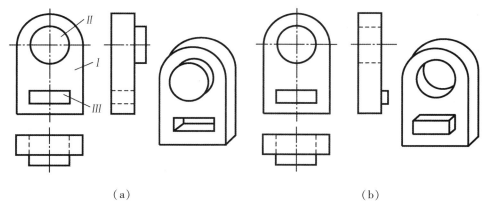

（a）　　　　　　　　　　　　　　　　（b）

图 5-17　分析反映位置特征的视图

二、识读的基本方法

识读主要运用形体分析法。对于较复杂的组合体，在运用形体分析法的同时，还常采用面形分析法来帮助想象和读懂不易看明白的局部形状。

1. 用形体分析法识读

运用形体分析法识读时，首先用"分形体、对投影"的方法，分析构成组合体的各基本形体，找出反映每个基本体间的相对位置、组合形式和表面连接关系，综合想象出组合体的整体形状。

　　根据图 5-18(a)所给出的主视图和俯视图,补画左视图时,首先在反映形状特征较明显的主视图上按线框将组合体划分成三部分。然后利用投影关系,找到各线框在俯视图中与之对应的投影,从而分析各部分的形状以及它们之间的相对位置,逐个补画各形体的左视图。最后综合想象组合体的整体形状。想象和补画左视图的过程如图 5-18(b)至图 5-18(f)所示。

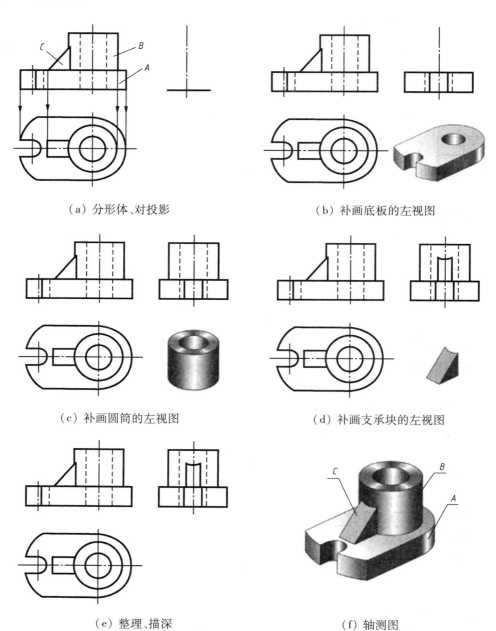

（a）分形体、对投影　　　　　　　（b）补画底板的左视图

（c）补画圆筒的左视图　　　　　　（d）补画支承块的左视图

（e）整理、描深　　　　　　　　　（f）轴测图

图 5-18　运用形体分析法读图

2. 用面形分析法识读

构成物体的各个表面，不论其形状如何，它们的投影如果不具有积聚性，一般都是一个封闭线框。因此，运用面形分析法识读时，应将视图中的一个线框看作物体上的一个面的投影，利用投影关系，在其他视图上找到对应的图形，再分析这个面的投影特性，确定这些面的形状，从而想象出物体的整体形状。

如图 5-19(a)所示切割型组合体对于俯视图上的五边形 p，由于在主视图上没有与它类似的线框，所以它的正面投影只可能对应斜线 p′，于是可判断 P 面为正垂面。同时，在左视图上可找到与之相对应的类似形 p″。

同样，在图 5-19(b)中，主视图上的四边形 q′，在俯视图上也有对应的类似形 q，而在左视图上没有与它类似的线框，所以它的侧面投影只能对应斜线 q″。于是可判断 Q 面为侧垂面。

再分析视图中的其他线框，如图 5-19(c)所示，俯视图上的线框 a，对应主、左视图中两段水平线；主视图上的线框 b′对应俯、左视图中的水平线和铅直线；左视图上的线框 c″对应主、俯视图中的两段铅直线。从而判断它们分别是水平面 A、正平面 B 和侧平面 C。

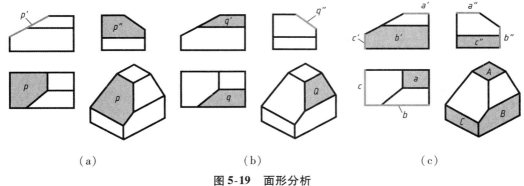

图 5-19　面形分析

通过以上分析，可想象出该组合体由一个长方体被正垂面和侧垂面切去两块而形成。

三、已知两视图，补画三视图

已知物体的两个视图，求作第三视图，这是一种读图和画图相结合的有效的训练方法。首先根据物体的已知视图想象物体形状，然后在读懂两视图的基础上，利用投影对应关系逐步补画第三视图。在读图的过程中，还可以边想象、边徒手画轴测草图，及时记录构思的过程，帮助读懂视图。

例 5-2　由图 5-20(a)所示支架的主、俯视图，补画左视图。

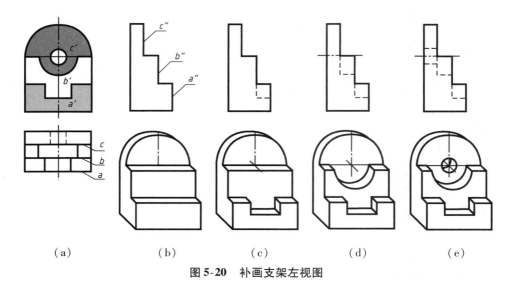

（a）　　　　（b）　　　　（c）　　　　（d）　　　　（e）

图 5-20　补画支架左视图

分析：在主视图中有 3 个线框，由主、俯视图的投影可看出，3 个线框分别表示支架上 3 个不同位置的表面。a'线框是一个凹形块，凹槽对应俯视图下方两条竖线，处于支架的前面；c'线框中还有一个小圆线框，与俯视图中的两条虚线对应，可想象出是半圆头竖板上穿了一个圆孔，它处于支架的后面；从主视图中可看出，b'线框的上部有个半圆槽，它在俯视图上可找到对应的两条线，必然处于 A 面和 C 面之间。因此，主视图中的 3 个线框实际上是支架的前、中、后三个正平面的投影。

作图步骤如下：

① 画出左视图的外轮廓，并由主、俯视图对照分析后，分出支架 3 部分的前后、高低层次，如图 5-20（b）所示。

② 在前层切出凹形槽，补画左视图中的虚线，如图 5-20（c）所示。

③ 在中层切出半圆槽，补画左视图中的虚线，如图 5-20（d）所示。

④ 在后层挖去圆孔，补全左视图。按画出的轴测草图对照补画的左视图，检查无误后，完成作图。

任务四　应用 AutoCAD 绘制组合体视图

▶▶ 任务引导

依据零件的尺寸，建立图幅，根据组合体的轴测图绘制三视图，并标注尺寸。

▶▶ 任务要求

掌握组合体的绘制方法;熟悉 AutoCAD 常用的绘图与编辑功能及使用对象捕捉追踪功能对齐三视图的方法。

▶▶ 任务实施

一、绘图准备工作

1. 形体分析

如图 5-21 所示形体,可将其分解为圆柱、竖板、连接板和凸台四个组成部分。其中,连接板前后侧面与圆柱面相切、与竖板表面平齐,圆柱形凸台与圆柱相贯。

2. 选择主视图投影方向

以图示箭头方向为主视图投影方向。

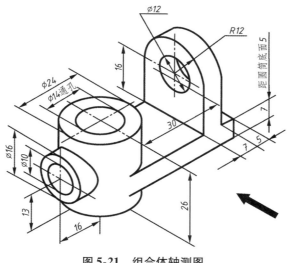

图 5-21　组合体轴测图

二、新建图形文件

单击"标准"工具栏上的"新建"按钮或单击"文件"→"新建"命令,新建一个图形文件。

三、设置绘图环境

创建 A4 图幅,设置图层,设置文字样式,设置尺寸标注样式,绘制标题栏。或直接调用 A4.dwt 图形样板文件,使用设置好的绘图环境。

四、绘制视图

1. 布置视图,绘制基准线

建立 center 图层,设为当前图层。选择"直线"和"偏移"命令,根据长度方向定位尺寸 16、30,高度方向定位尺寸 13、5、16,绘制如图 5-22(a)所示基准线。

2. 绘制圆柱

将当前图层设为 0 层。选择"圆"命令,绘制圆柱的水平投影。以基准线的交点为圆心绘制两个同心圆,如图 5-22(b)所示。

选择"直线"命令,绘制圆柱的正面投影。在"对象捕捉"和"对象捕捉追踪"为开的状态下,当系统提示指定第一点时,如图 5-22(c)所示,将光标悬停于圆的象限点上,然后慢慢往上移,直至靠近基准线并显示交点标记时单击确认,依次指定下一点绘制矩形。新建 hide 图层,设为当前层,再次选择"直线"命令,绘制圆柱的不可见轮廓线,如图 5-22(c)所示。

选择"复制"命令,快速完成圆柱的侧面投影。

3. 绘制连接板

选择"直线"命令,分别绘制连接板的三面投影,然后选择"修剪"命令将主视图中圆柱右侧多余的一段轮廓线删除掉,如图 5-22(d)所示。

4. 绘制竖板

选择"圆""直线""修剪"命令,绘制竖板的侧面投影。

选择"偏移""直线"命令,绘制竖板的水平投影。

选择"直线"命令,绘制竖板的正面投影。绘制过程中启用"对象捕捉"和"对象捕捉追踪"精确绘图功能,以保证主、俯视图"长对正",主、左视图"高平齐",如图 5-22(e)所示。

5. 绘制凸台

选择"圆"命令,绘制凸台的侧面投影。

选择"偏移"和"直线"命令,绘制凸台的水平投影和正面投影,如图 5-22(f)所示。选择"圆弧"命令,以默认的三点方式绘制主视图中的相贯线。使用对象捕捉追踪功能指定圆弧的第二点,如图 5-22(g)所示。编辑多余的图线,整理后的图形如图 5-22(h)所示。

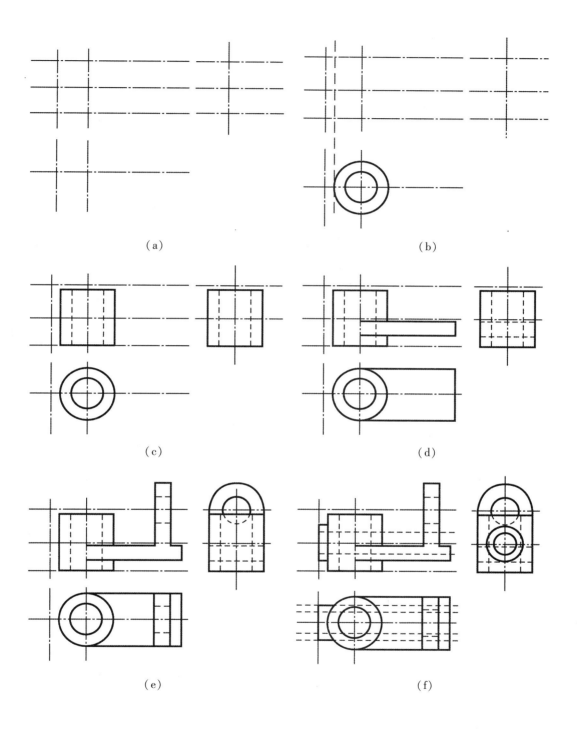

（a）　　　　　　　　　　　　（b）

（c）　　　　　　　　　　　　（d）

（e）　　　　　　　　　　　　（f）

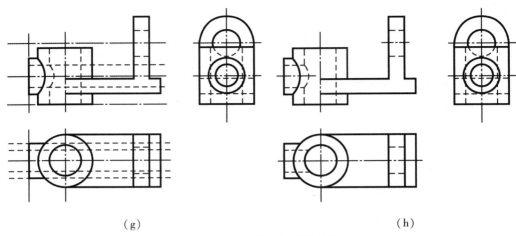

（g）　　　　　　　　　　　（h）

图 5-22　组合体三视图的绘制

五、标注尺寸

分别选择"线性""圆""圆弧"标注命令，完成图 5-23 所示尺寸标注。

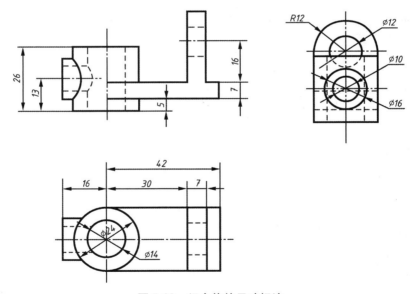

图 5-23　组合体的尺寸标注

六、保存图形文件

单击"保存"按钮，保存图形文件。

拓展练习

1. 读懂压板的三视图,如图 5-24 所示。

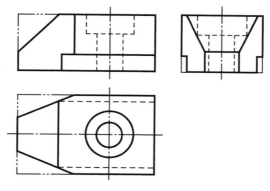

图 5-24 练习题 1

2. 已知支撑的主、左视图,想象出它的形状,补画俯视图,如图 5-25 所示。

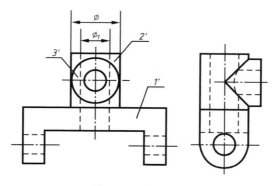

图 5-25 练习题 2

项目六 机件的基本表达方法的识读

- 掌握基本视图、向视图、局部视图和斜视图的画法、标注规定。
- 掌握剖视图、断面图的分类和剖切面的分类,掌握剖面符号的画法规定。
- 掌握剖视图和断面图的画法和标注规定。
- 了解局部放大图和常用的简化画法规定。

任务一 掌握机件的外部形状表达

▶▶ 任务引导

工程实际中,机件的形状是多种多样的,有些机件的内、外形状都比较复杂,如果只用前面所学的三视图的方法往往不能表达清楚和完整,为此,国家标准规定了视图、剖视图和断面图等基本表达方法,根据机件的结构特点,可完整、清晰、简明地表达机件的结构形状。

▶▶ 任务要求

能够灵活地运用基本视图、向视图、斜视图、局部视图表达机件外形。

▶▶ 任务实施

一、基本视图

用正投影法所绘制出的物体的图形称为视图。视图主要用于表达机件的外部结构形状,对机件中不可见的结构形状在必要时才用细虚线画出。表示一个机件可以有六个基本投射方向,即六个基本投影面,将机件向基本投影面投射所得的视图称为基本视图,即在前面所学主、俯、左三视图基础上,增加由右向左投射的右视图、由下向上投射的仰视图和由后向前投射的后视图,如图6-1所示。

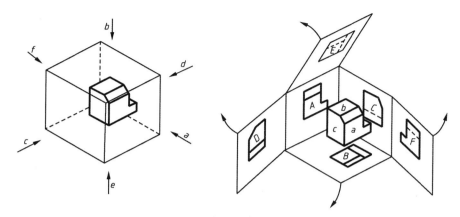

图6-1　六个基本视图的形成

在机械图样中,六个基本视图的配置关系如图6-2所示。符合图6-2六个基本视图的配置规定时,图样中一律不标注视图名称。

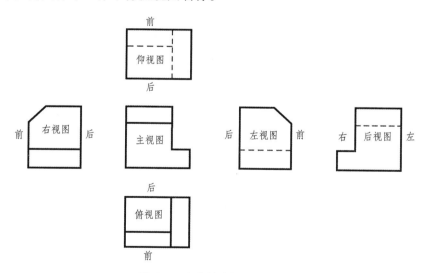

图6-2　六个基本视图的配置

六个基本视图仍保持"三等关系":仰视图与俯视图同样反映长、宽方向的尺寸;右视图与左视图同样反映高、宽方向的尺寸;后视图与主视图同样反映长、高方向的尺寸。

六个基本视图的方位对应关系如图6-2所示,除后视图外,在围绕主视图的俯、仰、左、右四个视图中,靠近主视图的边表示机件的后面,远离主视图的边表示机件的前面。

二、向视图

向视图是移位配置的基本视图。当某视图不能按投影关系配置时,可按向视图绘制,如图 6-3 中的"向视图 D""向视图 E""向视图 F"。

向视图必须在图形上方中间位置处标注出视图名称"X"("X"为大写拉丁字母,下同),并在相应的视图附近用箭头指明投射方向,注写相同的字母。

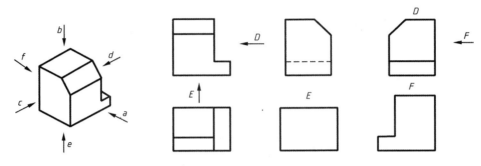

图 6-3 向视图及其标注

三、局部视图

局部视图是将机件的某一部分向基本投影面投射所得的视图。如图 6-4 所示的机件,用主、俯两个基本视图表达了主体形状,但左、右两边凸缘形状如用左视图和右视图表达,则显得烦琐和重复。采用 A 和 B 两个局部视图来表达两个凸缘形状,既简练又突出重点。

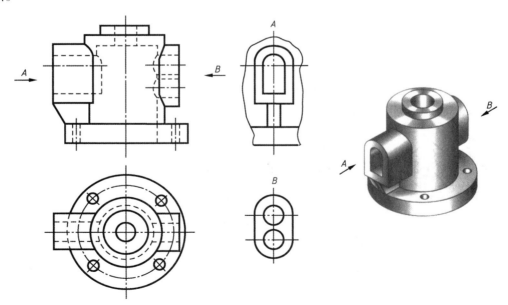

图 6-4 局部视图

局部视图的配置、标注及画法如下：

① 局部视图可按基本视图配置的形式配置，中间若没有其他图形隔开时，则不标注，如图6-4中的局部视图A。

② 局部视图也可以按向视图的配置形式配置在适当位置，如图6-4中的局部视图B。

③ 局部视图的断裂边界用波浪线或双折线表示，如图6-4中的局部视图A。但当所表示的局部结构是完整的，其图形的外轮廓线呈封闭时，波浪线可省略不画，如图6-4中的局部视图B。

④ 局部视图按第三角画法配置在视图上需要表示的局部结构附近，并用细点画线连接两图形，此时不需另行标注，如图6-5所示。

⑤ 对称机件的视图可只画一半或四分之一，并在对称中心线的两端画两条与其垂直的平行细实线，如图6-6所示。这种简化画法用细点画线代替波浪线作为断裂边界线，这是局部视图的一种特殊画法。

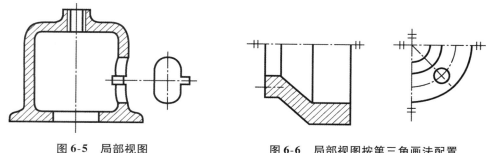

图6-5 局部视图   图6-6 局部视图按第三角画法配置

四、斜视图

斜视图是物体向不平行于基本投影面的平面投射所得的视图。如图6-7(a)所示，当机件上某局部结构不平行于任何基本投影面，可以增加一个新的辅助投影面，使它与机件上倾斜结构的主要平面平行，并垂直于一个基本投影面。然后将倾斜结构向辅助投影面投射，就得到反映倾斜结构实形的视图，即斜视图。

画斜视图时应注意：

① 斜视图常用于表达机件上的倾斜结构。画出倾斜结构的实形后，机件的其余部分不必画出，此时在适当位置用波浪线或双折线断开即可，如图6-7(b)所示。

② 斜视图的配置和标注一般按向视图相应的规定，必要时，允许将斜视图旋转后配置到适当的位置。此时，应按向视图标注，且加注旋转符号，如图6-7(c)所示。旋转符号为半径等于字体高度的半圆弧，表示斜视图名称的大写拉丁字母应靠近旋转符号的箭头端，也允许将旋转角度标在字母之后。

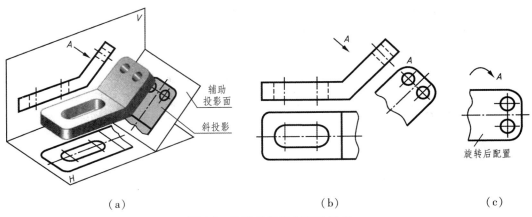

（a）　　　　　　　　　　　　　（b）　　　　　　　　　　　（c）

图 6-7　倾斜结构斜视图的形成

五、应用举例

以上介绍了基本视图、向视图、局部视图和斜视图,在实际画图时,并不是每个机件的表达方案中都有这四种视图,而应根据表达需要灵活选用。

图 6-8(a)所示为压紧杆的三视图。由于压紧杆左端耳板是倾斜的,所以俯视图和左视图都不反映实形,画图比较困难,表达不清楚。为了清晰表达倾斜结构,可按图 6-8(b)所示在平行于耳板的正垂面上作出耳板的斜视图,以反映耳板的实形。因为斜视图只是表达压紧杆倾斜结构的局部形状,所以画出耳板的实形后,用波浪线断开,其余部分的轮廓线不必画出。

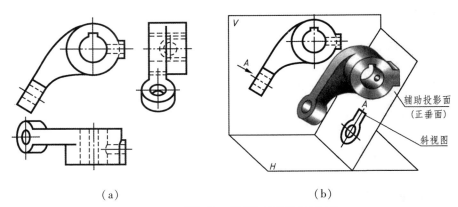

（a）　　　　　　　　　　　　　　　　　（b）

图 6-8　压紧杆的三视图及斜视图的形成

图 6-9 所示为压紧杆的两种表达方案:

方案一[图 6-9(a)]:采用一个基本视图(主视图)、一个斜视图(A)和两个局部视图(B 和 C)。

方案二[图 6-9(b)]:采用一个基本视图(主视图)、一个配置在俯视图位置上的局部视图、一个旋转配置的斜视图 A,以及画在右端凸台附近的、按第三角画法配置的局部视图。

比较压紧杆的两种表达方案,显然,方案二的视图布置更加紧凑。

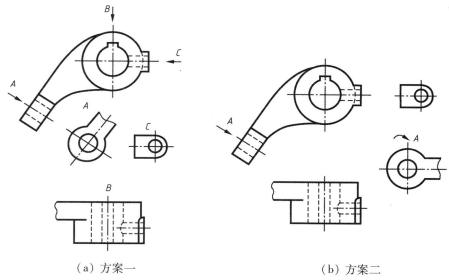

（a）方案一　　　　　　　　　　　　　（b）方案二

图 6-9　压紧杆的两种表达方案

任务二　掌握机件的内部形状表达

▶▶ 任务引导

当机件的内部结构比较复杂时,只用基本视图等表达方式无法表达其内部结构,必须用剖视图、断面视图来表达机件的内部结构。

▶▶ 任务要求

能够选用正确的表达方法表达机件内部结构,能够补画剖视图和断面图。

▶▶ 任务实施

一、剖视图

视图主要用来表达机件的外部形状。当机件内部结构比较复杂时,视图上就会出现较多虚线而使图形不清晰,不便于看图和标注尺寸,如图 6-10 所示。为了清晰地表达机件的内部结构,常采用剖视这种表达方法。剖视图的画法要遵循 GB/T 17452—1998、

GB/T 4458.6—2002 的规定。

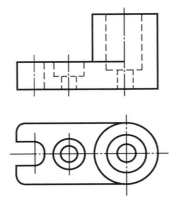

图 6-10　主视图中虚线较多

1. 剖视图的形成、画法和标注

（1）剖视图的形成

假想用剖切面剖开机件,将处于观察者与剖切面之间的部分移去,将其余部分向投影面投射所得的图形称为剖视图,简称剖视。剖视图的形成过程如图 6-11（a）、（b）所示。图 6-12 中的主视图即为机件的剖视图。

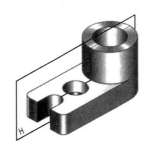
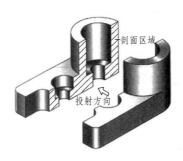

（a）剖切面剖开支座　　　　（b）将支座后半部分进行投射

图 6-11　剖视图的形成

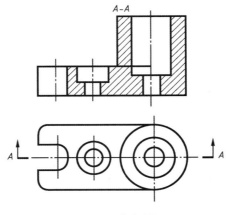

图 6-12　剖视图

（2）剖面符号

机件被假想剖开后,剖切面与机件的接触部分(即剖面区域)要画出与材料相应的剖面符号,以便区别机件的实体与空腔部分,如图 6-12 中主视图所示。

当不需要在剖面区域中表示材料的类别时,剖面符号可采用通用的剖面线表示。通用剖面线为间隔相等的平行细实线,绘制时最好与图形主要轮廓线或剖面区域的对称线成 45°,如图 6-13 所示。

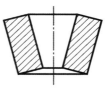

图 6-13　剖面线方向

当图形中的主要轮廓线与水平线成 45°时,该图形的剖面线应画成与水平线成 30°或60°的平行线,其倾斜方向应与其他图形的剖面线一致,如图 6-14 所示。

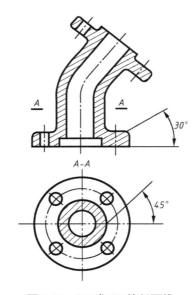

图 6-14　30°或 60°的剖面线

同一物体的各个剖面区域的剖面线应间隔相等、方向一致。

当需要在剖面区域中表示材料类别时应采用特定的剖面符号表示。国家标准规定的各种材料类别的剖面符号见表 6-1。

表 6-1　部分剖面符号(摘自 GB/T 4457.5)

材料名称	剖面符号	材料名称	剖面符号
金属材料 (已有规定剖面符号者除外)	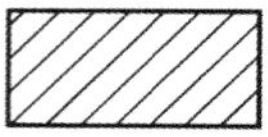	线圈绕组元件	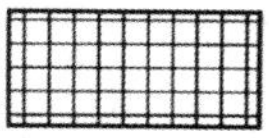
非金属材料 (已有规定剖面符号者除外)	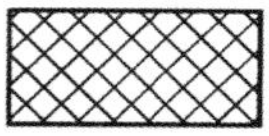	转子、变压器等的叠钢片	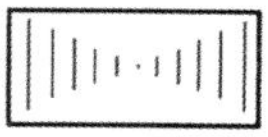
型砂、填矿、粉末冶金、砂轮陶 瓷刀片、硬质合金刀片等	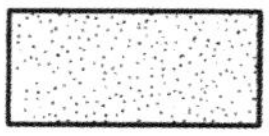	玻璃及其他透明材料	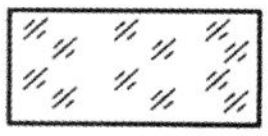
木质胶合板 (不分层数)	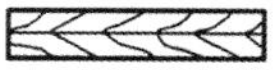	格　网 (筛网、过滤网等)	
木　材	纵剖面	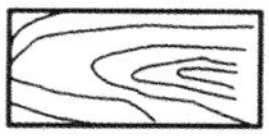 液　体	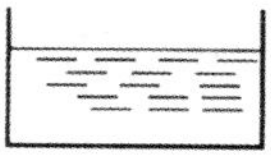
	横剖面 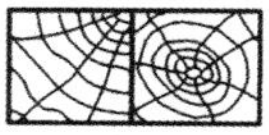		

（3）剖视图的标注

为了便于读图,剖视图一般应进行标注,标注的内容包括以下三个要素:

① 剖切线。指示剖切面的位置,用细点画线表示。剖视图中通常省略不画出。

② 剖切符号。指示剖切面的起止和转折位置(用粗短线表示)及投射方向(用箭头表示)的符号,在剖切面的起、止和转折处标注与剖视图名称相同的字母。

③ 字母。表示剖视图的名称,用大写拉丁字母注写在剖视图的上方。

下列情况的剖视图可以省略标注:

① 当单一剖切面通过机件的对称平面或基本对称平面,且剖视图按投影关系配置,中间没有其他图形隔开时,可以省略标注,如图 6-12 所示。

② 当剖视图按基本视图或投影关系配置时,可省略箭头,如图 6-14 中所示的 *A-A*。

（4）画剖视图的注意事项

① 为了表达机件内部的真实形状,剖切平面应通过机件上的轴线、槽的对称面等结构,并使剖切平面平行或垂直于某一基本投影面。

② 由于剖切是假想的,因此,当机件的某一个视图画成剖视图后,其他视图仍应完整地画出。

③ 在剖视图中,一般应省略虚线。对于没有表达清楚的结构,在不影响剖视图清晰,同时可以减少一个视图的情况下,可画少量虚线。如图 6-15 所示用虚线表示机件底板的厚度。

④ 在剖切面后面的可见部分应全部画出,不能遗漏,也不能多画,如图 6-16 所示。

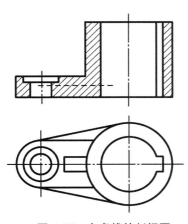
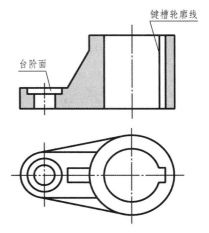

图 6-15　有虚线的剖视图　　图 6-16　剖视图平面后的可见部分

2. 剖切面的选用

根据机件结构的特点和表达需要,可选用单一剖切平面、几个平行的剖切平面和几个相交的剖切平面剖开机件。

(1) 单一剖切面

单一剖切面包括单一剖切平面、单一斜剖切平面、单一剖切柱面。

① 单一剖切平面(平行于基本投影面)剖切。

图 6-15 中的剖视图由单一剖切平面剖得。

② 单一斜剖切平面(投影面垂直面)剖切。

当机件需要表达具有倾斜结构的内部形状时(图 6-17),可以用一个不平行于基本投影面的投影面垂直面来剖切机件(也称为斜剖),如图 6-17 中的 *B-B* 剖视图。

用这种平面剖得的图形是斜置的,在图形上方标注的图名 *B-B* 与斜视图类似。为了便于看图,图形应尽量按投影关系配置。为了便于画图,在不致引起误解的情况下,可将图形旋转后画出,并加旋转符号,如图 6-17 所示。

③ 单一剖切柱面(其轴线垂直于基本投影面)剖切。

如图 6-18 所示,用单一剖切柱面剖开机件,剖视图一般应展开绘制,在图名后加注"展开"两字(将柱面剖得的结构展开成平行于投影面的平面后再投射)。

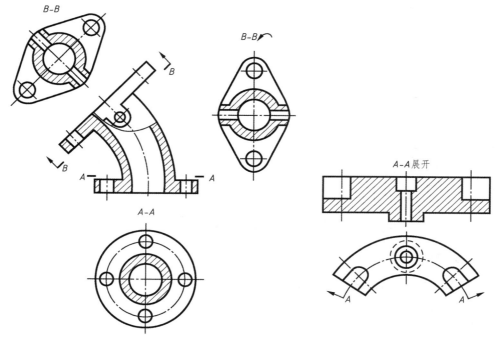

图 6-17　不平行于基本投影面的单一剖切平面　　　　图 6-18　单一圆柱剖切面

（2）几个平行的剖切平面

用来剖切表达位于几个平行平面上的零件内部结构,用几个相互平行的剖切平面将物体剖开后作出的剖视图称为阶梯剖视图,它适宜于表达机件内部结构的中心线排列在两个或多个互相平行的平面内的情况,如图 6-19 所示。

这种剖视图的标注方法如图 6-19(b)所示,如果剖切符号的转折处位置有限,可省略字母。

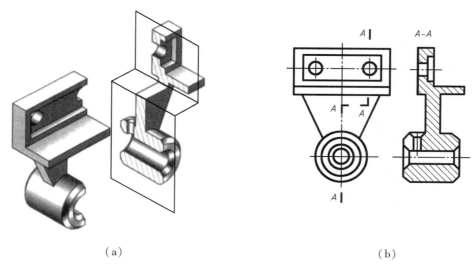

（a）　　　　　　　　　　　　　　　　　（b）

图 6-19　用几个平行的剖切平面剖切(一)

采用阶梯剖画剖视图时应注意：

① 因为剖切是假想的，所以在剖视图上不应画出剖切平面转折的界线［图6-20(a)］。

② 在剖视图中不应出现不完整元素，如孔、槽等［图6-20(b)］。只有当两个结构要素在图形上具有公共对称中心轴线时，方可各画一半，如图6-20(c)中的 A-A。

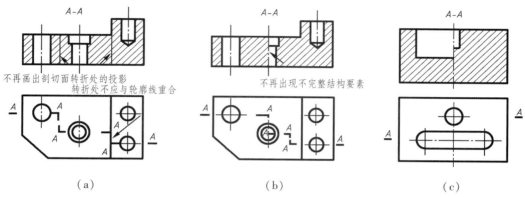

（a）　　　　　　　　　（b）　　　　　　　　　（c）

图6-20　用几个平行的剖切平面剖切（二）

（3）几个相交的剖切平面

用几个相交的剖切面剖开零件的方法称为旋转剖，如图6-21所示。旋转剖用来表示零件有明显的回转轴线，分布在几个相交平面上的孔、槽等内部结构形状。

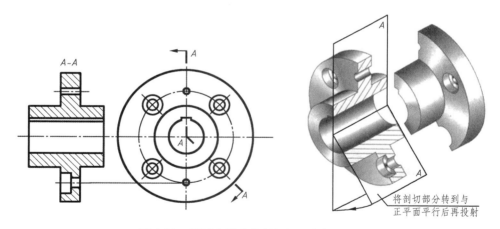

图6-21　用两个相交的剖切平面剖切（一）

采用这种剖切面画剖视图时应注意：

① 几个相交的剖切面的交线（一般为轴线）必须垂直于某一投影面。

② 应按先剖切后旋转的方法绘制剖视图（图6-22），使剖开的结构及其有关部分旋转至与一选定的投影面平行后再投射。此时旋转部分的某些结构与原图形不再保持投影关系，如图6-22所示机件中倾斜部分的剖视图。在剖切面后面的结构（图6-22中的油孔），仍按原来的位置投射。

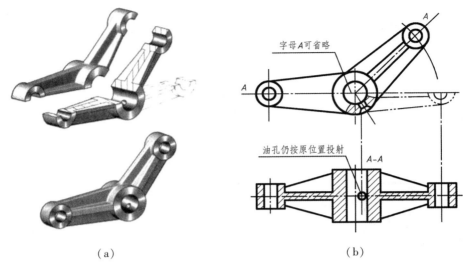

（a）　　　　　　　　　　　　（b）

图 6-22　用两个相交的剖切平面剖切（二）

采用这种剖切面剖切后,应对剖视图加以标注,标注方法如图 6-22 所示。图 6-23 所示是用三个相交的剖切平面剖开机件来表达内部结构的实例。

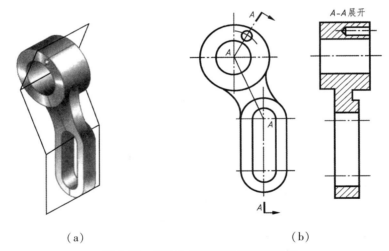

（a）　　　　　　　　　　　　（b）

图 6-23　用三个相交的剖切平面剖切

3.剖视图的种类及其应用

根据剖视图的剖切范围,剖视图可分为全剖视图、半剖视图和局部剖视图三种。前述剖视图的画法和标注,是对三种剖视图都适用的基本要求和规定。

（1）全剖视图

全剖视图是用剖切面完全地剖开机件所得的剖视图。

全剖视图用于表达外形比较简单,而内部结构较复杂且不对称的机件。必须注意,各剖视图的剖面线方向和间隔应完全一致。

不论采用哪一种剖切方法,采用一个或几个剖切面,只要将机件完全剖开,所得的剖视图均为全剖视图。如图 6-19、图 6-21、图 6-22、图 6-23 都是全剖视图。

（2）半剖视图

当机件具有对称平面时,向垂直于对称平面的投影面上投射所得的图形,可以以对称中心线为界,一半画成剖视图,另一半画成视图,这种剖视图称为半剖视图。

半剖视图的标注与全剖视图相同,如图 6-24 所示。

半剖视图既表达了机件的内部形状,又保留了外部形状,所以常用于内、外形状都比较复杂的对称机件。但当机件的形状接近对称,且不对称部分已另有图形表达清楚时,也可画成半剖视图,如图 6-24 所示。

注意:半剖视图与半视图的分界线应为细点画线,不得画成粗实线。机件内部形状已在半剖视图中表达清楚的,在另一半表达外形的视图中一般不再画出虚线。但对于孔或槽等,应画出中心线的位置,并且对于那些在半剖视图中未表示清楚的结构,可以在半视图中作局部剖视。如图 6-24 所示主视图中有两处局部剖视。

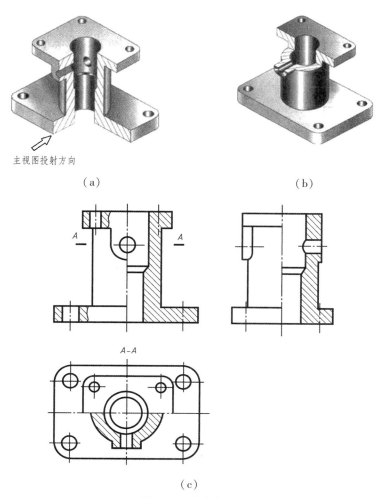

（a）

主视图投射方向

（b）

A—A

（c）

图 6-24 半剖视图

（3）局部剖视图

局部剖视图是指用剖切面局部地剖切机件所得的剖视图。

局部剖视图的标注与全剖视图相同，当只用一个剖切平面且剖切位置明确时，局部剖视图不必标注。局部剖视图的剖切位置和剖切范围根据需要而定，是一种比较灵活的表达方法，运用得当，可使图形表达得简洁而清晰。

局部剖视图通常用于下列情况：

① 当不对称机件的内、外形状均需要表达，或者只有局部结构的内形需剖切表示，而又不宜采用全剖视图时（图 6-25）。

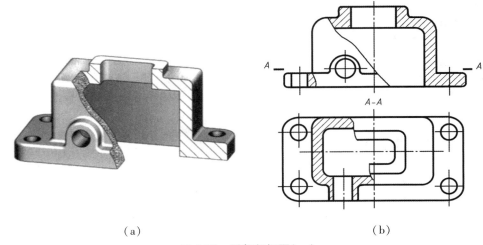

（a）　　　　　　　　　　　　　　　　　（b）

图 6-25　局部剖视图（一）

② 当对称机件的轮廓线与中心线重合，不宜采用半剖视图时（图 6-26）。

③ 当实心机件（如轴、杆等）上面的孔或槽等局部结构需剖开表达时（图 6-27）。

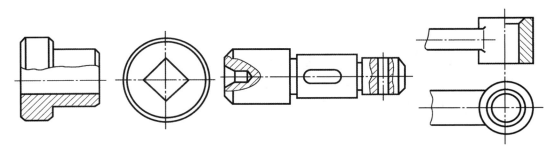

图 6-26　局部剖视图（二）　　**图 6-27　局部剖视图（三）**　　**图 6-28　局部剖视图（四）**

画局部剖视图时应注意以下几点：

① 当被剖的局部结构为回转体时，允许将该结构的中心线作为局部剖视图与视图的分界线，如图 6-28 所示。方孔部分只能用波浪线（断裂边界线）作为分界线。

② 剖切位置与范围根据需要而定，剖开部分和原视图之间用波浪线分界。波浪线应

画在机件的实体部分,不能超出视图的轮廓线或与图样上其他图线重合,如图 6-29 所示。

③ 局部剖视图是一种比较灵活的表达方法,哪里需要哪里剖。但在同一个视图中,使用局部剖视图这种表示法的次数不宜过多,否则会显得零乱而影响图形清晰。

④ 局部剖视图的标注方法与全剖视图相同。当单一剖切平面的剖切位置明显时,局部剖视的标注可省略,如图 6-30 所示。

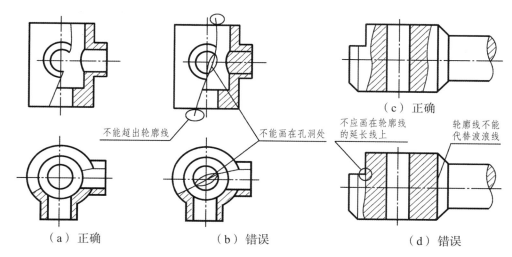

图 6-29　局部剖视图中波浪线画法

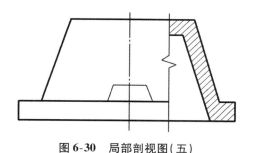

图 6-30　局部剖视图(五)

二、断面图

1.断面图的概念

假想用剖切面将机件的某处切断,仅画出剖切面与机件接触部分的图形称为断面图,简称断面。断面图只画机件被剖切后的断面形状[图 6-31(b)],而剖视图除了画出断面形状之外,还必须画出机件上位于剖切平面后的形状[图 6-31(c)]。按断面图配置位置不同,断面图分为移出断面图和重合断面图两种。

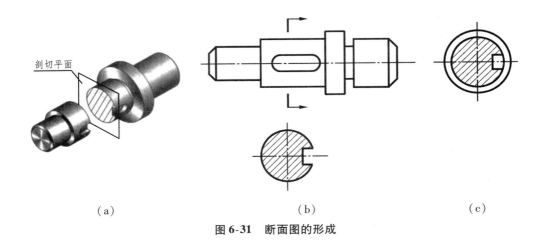

剖切平面

（a）　　　　　　　　　　　（b）　　　　　　　　　　　（c）

图 6-31　断面图的形成

2.移出断面图——画在视图轮廓线之外的断面图

（1）移出断面图的配置与标注

移出断面图通常配置在剖切符号或剖切线的延长线上［图 6-32（b）、（c）］，必要时也可配置在其他适当位置，但需要标注，标注的形式与剖视图基本相同［图 6-32（a）、（d）］。根据具体情况，标注时可以省略。

对称的移出断面图画在剖切符号的延长线上时，可省略标注［图 6-32（c）］；画在其他位置时，可省略箭头［图 6-32（a）］。

不对称的移出断面图画在剖切符号的延长线上时，可省略字母［图 6-32（b）］；画在其他位置时，要注明剖切符号、箭头和字母［图 6-32（d）］。

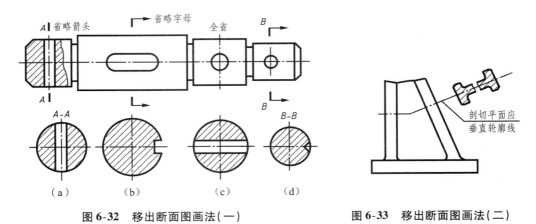

图 6-32　移出断面图画法（一）　　　　　图 6-33　移出断面图画法（二）

（2）移出断面图的画法

① 移出断面图的轮廓线用粗实线绘制。当剖切平面通过由回转面形成的孔或凹坑的轴线时，这些结构应按剖视图绘制，如图 6-32（a）、（c）、（d）所示。

② 剖切平面应与被剖切部分的主轮廓线垂直。由两个或多个相交的剖切平面剖切

所得到的移出断面图,中间应断开,如图6-33所示。

　③ 当断面图形对称时,移出断面可配置在视图中断处(图6-34)。

　④ 当剖切平面通过非圆孔,会导致完全分离的两个断面时,这些结构也应按剖视图绘制(图6-35)。

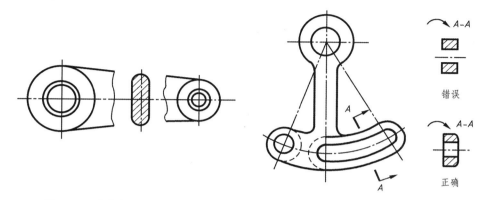

图 6-34　移出断面图画法(三)　　　　图 6-35　移出断面图画法(四)

图6-36为移出断面图画法的正误对比。

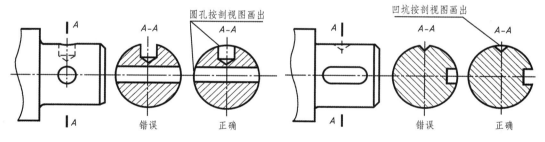

图 6-36　移出断面图画法正误对比

3.重合断面图——画在视图轮廓线之内的断面图

(1)重合断面图的画法

重合断面图的轮廓线用细实线绘制。当视图中的轮廓线与重合断面图的图形重合时,视图中的轮廓线仍应连续画出,不可间断(图6-37)。

(2)重合断面图的标注

对称的重合断面不必标注[图6-37(a)];不对称的重合断面,在不致引起误解时可省略标注[图6-37(b)]。

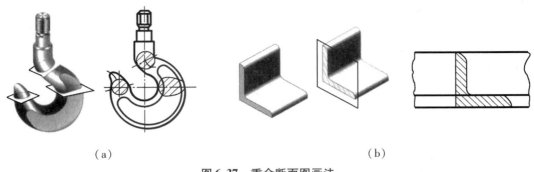

（a）　　　　　　　　　　　　　　　　　（b）

图 6-37　重合断面图画法

任务三　掌握其他规定画法和简化画法

▶▶ 任务引导

零件上的一些细小结构,在视图上常由于图形过小而表达不清,或标注尺寸有困难,可将过小图形放大。为了使画图简便,有关标准规定了一些图形的简化画法。

▶▶ 任务要求

能够识读和绘制局部放大图和几种常用的简化画法。

▶▶ 任务实施

一、其他规定画法

1.局部放大图

将机件的部分结构,用大于原图形所采用的比例画出的图形,称为局部放大图(图 6-38)。

当同一机件上有几处需要放大时,可用细实线圈出被放大的部位,用罗马数字依次标明放大的部位,并在局部放大图的上方标注出相应的罗马数字和所采用的比例。对于同一机件上不同部位,但图形相同或对称时,只需画出一个局部放大图(图 6-39)。

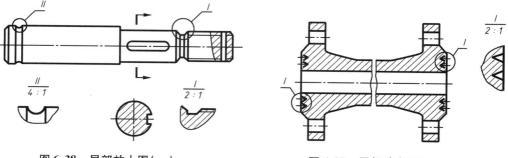

图 6-38　局部放大图(一)　　　　　　　　图 6-39　局部放大图(二)

2. 均布孔与肋板的画法

当零件回转体上均匀分布的孔、肋板不处于剖切平面上时,可将这些结构绕回转体轴线旋转到剖切平面上对称画出,不加标注(图 6-40)。相同的另一侧的孔仅画出轴线。

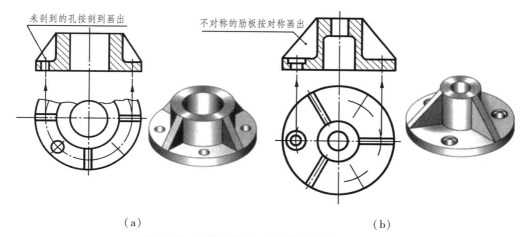

（a）　　　　　　　　　　　　　　　　　（b）

图 6-40　机件上的孔、肋板等结构的简化画法

3. 断裂画法

较长机件(轴、杆、型材、连杆等)沿长度方向的形状一致或按一定规律变化时,可断开后缩短绘制,但尺寸仍按机件的设计要求标注(图 6-41)。

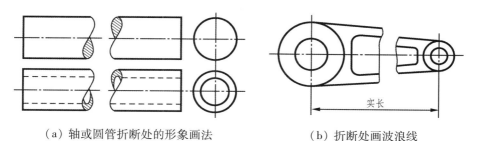

（a）轴或圆管折断处的形象画法　　　　　　（b）折断处画波浪线

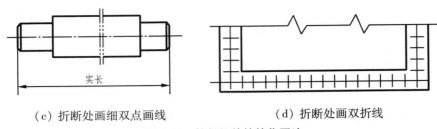

（c）折断处画细双点画线 　　　　　　（d）折断处画双折线

图 6-41　较长机件的简化画法

4. 平面画法

当回转体零件上的平面在图形中不能充分表达时,可用平面符号(相交的两条细实线)表示(图 6-42)。

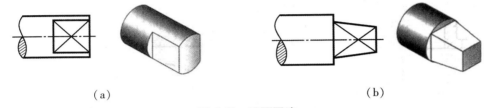

（a）　　　　　　　　　　　　　　　　　　　（b）

图 6-42　平面画法

5. 重复结构要素画法

① 当机件上具有相同的结构(齿、孔等),并按一定规律分布时,应尽可能减少相同结构的重复绘制,只需画出几个完整的结构,其余可用细实线连接(图 6-43)。

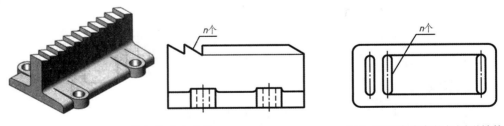

（a）按规律分布的齿　　　　　　　　　（b）按规律分布的长圆形结构

图 6-43　按规律分布的相同结构

② 当机件具有若干直径相同且成规律分布的孔(圆孔、螺孔、沉孔等)时,可以仅画出一个或几个,其余只需表示其中心位置[图 6-44(a)、(b)]。图 6-44(c)中的 EQS 表示"呈放射状均布"。

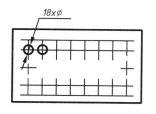
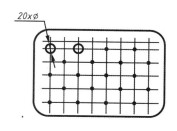
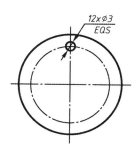

（a）用中心线表示孔的位置　　（b）用黑点表示孔的位置　　（c）呈放射状均布地表示

图 6-44　按规律分布的等径孔

二、简化画法

为了简化尺规绘图和计算机绘图对技术图样的要求,提高读图和绘图效率,国家标准规定了技术图样的简化画法。下面介绍几种常用的对某结构投影的简化画法。

① 在不致引起误解时,图形中用细实线绘制的过渡线［图 6-45（a）］,用粗实线绘制的相贯线,可以用圆弧或直线代替非圆曲线［图 6-45（b）］。相贯线可以用直线代替曲线［图 6-45（c）］,也可以用模糊画法表示相贯线［图 6-45（d）］。

② 当机件上有较小结构及斜度等已在一个图形中表达清楚时,在其他图形中可简化表示或省略（图 6-46）。

③ 机件中与投影面倾斜角度≤30°的圆或圆弧的投影可用圆或圆弧画出（图 6-47）。

④ 零件上的滚花、槽沟等网状结构,用粗实线部分地画出（图 6-48）。

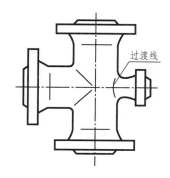
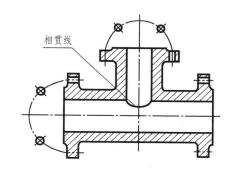

（a）过渡线用细实线画出　　　　　　（b）相贯线用粗实线画出

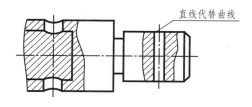
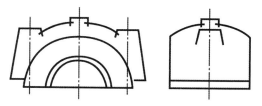

（c）用圆弧或直线代替非圆曲线　　　　（d）相贯线的模糊画法

图 6-45　过渡线和相贯线的简化画法

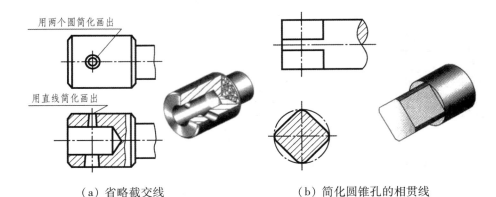

（a）省略截交线 （b）简化圆锥孔的相贯线

图 6-46 机件上较小结构的简化表示

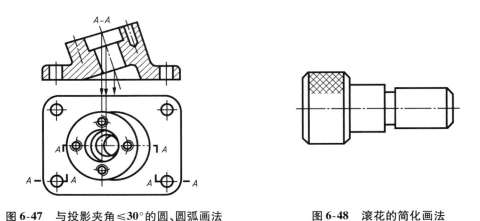

图 6-47 与投影夹角 ≤30°的圆、圆弧画法 **图 6-48 滚花的简化画法**

任务四 应用 AutoCAD 绘制机件的剖视图

▶▶ 任务引导

学会用 AutoCAD 软件绘制机件的剖视图。

▶▶ 任务要求

掌握"图案填充""样条曲线""多段线""打断"等命令的使用方法。

▶▶ **任务实施**

一、图案填充

1. 功能

"hatch"命令用于对封闭图形填充图案,以此来区分图形的不同部分,指出剖面图中的不同材质。

2. 执行方法

"绘图"工具栏:单击"图案填充"按钮 ⊞ 。

菜单:"绘图"→"图案填充"。

命令行:hatch。

3. "图案填充"选项卡

该选项卡可以对图案填充进行简单、快速的设置。它包括下列元素:

● "边界"下拉列表:该下拉列表允许用户指定边界的类型,有两种类型可供用户选择。

"拾取内部点"类型:拾取闭合图形内部点进行填充。提示用户选取填充边界内的任意一点。注意:该边界必须封闭。

"选择对象"类型:该类型拾取闭合图形外界进行填充。提示用户选取一系列构成边界的对象以使系统获得填充边界。

● "图案"下拉列表:确定填充图案的样式。单击下拉箭头,出现填充图案样式名的下拉列表选项,供用户选择,此时将弹出如图 6-49 所示的"图案填充"选项板,在该对话框中,显示系统提供的填充图案。用户在其中选中图案名或者图案图标后,单击"确定"按钮,该图案即设置为系统的默认值。机械制图中常用的剖面线图案为 ANSI31。

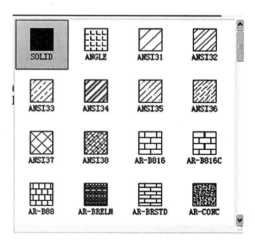

图 6-49　"填充图案"选项板

● 颜色:可以设置图案及其背景颜色。

● 样例:显示所选填充对象的图形及背景。

● 角度:设置图案的旋转角,系统默认值为 0°。机械制图规定剖面线倾角为 45° 或 135°,特殊情况下可以使用 30° 和 60°。若选用图案 ANSI31,剖面线倾角为 45°时,设置该值为 0°;倾角为 135°时,设置该值为 90°。

- 比例:设置图案中线的间距,以保证剖面线有适当的疏密程度。系统默认值为1。
- 预览:预览图案填充效果。
- 确定:结束填充命令操作,并按用户所指定的方式进行图案填充。

4. 绘图举例

在如图 6-50 所示的半剖视图中绘制剖面线。调用图案填充命令后,单击对话框右上方的"拾取点"按钮,此时对话框消失,命令行提示用户拾取进行边界计算的内部点。在图中要画剖面线的区域内拾取一点 A(指定用于产生边界的区域),命令行提示边界计算状态,并高亮显示已选边界元素。边界元素选定后,按回车键,返回边界图案填充对话框。单击右下角的"预览"按钮对填充图案效果进行预览(图 6-51)。按回车键,返回对话框进行修改,或单击"确定"按钮,完成图案填充。

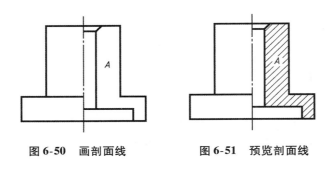

图 6-50　画剖面线　　　　　图 6-51　预览剖面线

二、样条曲线

1. 概述

样条曲线是按照给定的某些数据点(控制点)拟合生成的光滑曲线,它可以是二维曲线或三维曲线。样条曲线最少应有三个顶点,在机械图样中常用来绘制波浪线、凸轮曲线等。

2. 执行方法

"绘图"工具栏:单击"样条曲线"按钮 。

菜单:"绘图"→"样条曲线"。

命令行:spline。

3. 命令行提示

指定第一点:(如果指定了一个点,AutoCAD 会提示输入下一点,并在光标当前位置动态显示橡皮筋线,接着提示)

指定下一点或[闭合(C)/公差(L)]:

4. 选项说明

下一点:不断输入样条曲线的下一个点。

闭合(C):闭合样条曲线,并要求指定闭合点处的切线方向,如果按回车键,则用缺省方式确定切线方向。

公差(L):输入拟合公差。拟合公差决定了曲线和数据点的接近程度。如果输入 0,则曲线通过所有的数据点。

起点切向:进入该选项后,AutoCAD 要求用户指定一个点,系统会用该点来确定曲线的起点和终点处的切线方向。

图 6-52(a)中 5 和 6 点为曲线的起点和终点的切线方向,图 6-52(b)中 1 和 4 点是用回车键回答的。

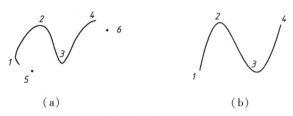

(a)   (b)

图 6-52   样条曲线拟合

三、多段线

1. 概述

多段线是作为单一对象创建的首尾相连直线和弧线序列,如图 6-53 所示。各连接点处的线宽可在绘图过程中设置(要一次编辑所有线段就要使用多段线)。

2. 执行方法

"绘图"工具栏:单击 ⬭ 按钮。

菜单:"绘图"→"多段线"。

命令行:pline。

3. 命令行提示

指定起点:

指定下一个点或[圆弧(A)/半宽(H)/长度(L)/放弃(U)/宽度(W)]:

4. 选项说明

圆弧(A):从直线多段线切换到画弧多段线并显示一些提示选项。当用户选择 A 时,切换到画弧的状态,命令行出现提示:

指定圆弧的端点或[角度(A)/圆心(CE)/方向(D)/半宽(H)/直线(L)/半径(R)/第二点(S)/放弃(U)/宽度(W)]:

按照提示可继续选择命令,直到按回车键结束命令为止。

半宽(H):设置多段线的半宽。

长度(L):给定新多段线的长度,延长方向为前一段直线的方向或前一段弧终点的切线方向。

放弃(U):取消上一步操作。

宽度(W):设置多段线的宽度。多段线的初始宽度和终止宽度可以不同,可以全段设置。

5. 绘图实例

命令:pline↙

指定起点(Specify start point):20,40↙

指定下一个点或[圆弧(A)/半宽(H)/长度(L)/放弃(U)/宽度(W)]:W↙

指定起点宽度<0.0000>:4↙

指定端点宽度<4.0000>:4↙

指定圆弧端点或[角度(A)/圆心(CE)/方向(D)/半宽(H)/直线(L)/半径(R)/第二点(S)/放弃(U)/宽度(W)]:0,-10↙

指定圆弧端点或[角度(A)/圆心(CE)/方向(D)/半宽(H)/直线(L)/半径(R)/第二点(S)/放弃(U)/宽度(W)]:L↙

指定下一个点或[圆弧(A)/半宽(H)/长度(L)/放弃(U)/宽度(W)]:-50,0↙

结果如图 6-53 所示。

注意:多段线在 AutoCAD 2012 中默认的坐标为相对坐标。

图 6-53　多段线示例图

四、打断

1. 概述

BREAK 命令提示用户在对象上指定两个点,然后删除两点之间的部分,如果两点距离很近或相同,则在该位置将对象切开成两个对象。

2. 执行方法

工具栏:修改→ [图标] 按钮。

菜单:修改→打断。

命令行:BREAK 或 BR。

3. 命令行提示

激活该命令后,AutoCAD 提示:

选择对象:

指定第二个打断点或[第一点(F)]:

4. 选项说明

第一句提示用户选择对象,只能使用点选方式 Fence 选择。

　　第二句提示要求用户指定第二个断点或键入 F,进入"第一点(F)"选项。如果直接指定第二个断点,则第一个断点认为是点选对象时的拾取点;如果键入"F",则 AutoCAD 要求用户指定第一个断点,再指定第二个断点,最后切除两点之间的部分。

　　如果只是将对象从某个位置切开成两个对象,而不是切除其某一部分,则可以在提示输入第二个断点时键入"@",这时第二个断点与第一个断点重合,物体从断点处一分为二。"修改"工具栏上的"打断于点"按钮,就能完成这一功能。

　　注意:AutoCAD 按逆时针方向删除圆上第一个断点到第二个断点之间的部分。

　　如图 6-54 为截断对象示例,分别以 A、B 两点作为第一个、第二个断点。

图 6-54　截断对象示例

五、绘制图形

绘制如图 6-55 所示的剖视图,无须标注尺寸。

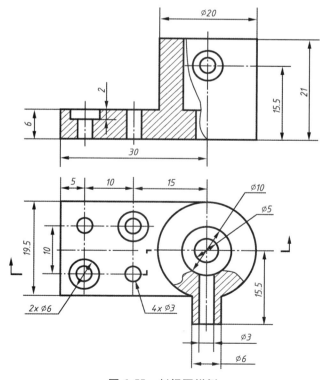

图 6-55　剖视图样例

操作步骤如下：

① 设置绘图环境。

a. 设置绘图单位。选择"格式"→"单位"命令，打开"图形单位"对话框，在"长度"选项区，设置"类型"为小数，"精度"为0.00；在"角度"选项区，设置"类型"为十进制数，"精度"为0.0。

b. 设置图形界限。选择"格式"→"图形界限"命令，根据图形尺寸，将图形界限设置为297×210。

c. 单击"栅格"，打开"栅格"模式，在绘图区显示图形界限。

d. 创建绘图所需图层。

② 布图。

打开"中心线"图层，利用"line"命令，绘制图中的主要中心线。注意中心线的位置安排要为尺寸标注预留空间。

③ 绘制机件的主视图、俯视图。

绘制机件的主视图、俯视图，如图6-56所示。

④ 图案填充。

a. 选择"绘图"→"图案填充"命令，打开"图案填充和渐变色"对话框，设置"类型"为"预定义"，"图案"为"ANSI31"，"角度"为"0°"，"比例"为"2"。

b. 单击"添加：拾取点"，在要绘制剖面线的区域内取点。

c. 按【Enter】键，返回"图案填充和渐变色"对话框。

d. 单击"预览"按钮，预览剖面线在图中的显示情况。

e. 单击"确定"按钮，将剖面线绘制到图中，如图6-57所示。

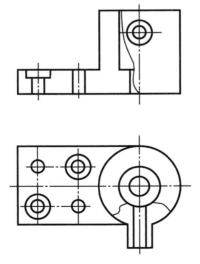

图6-56 绘制主、俯视图

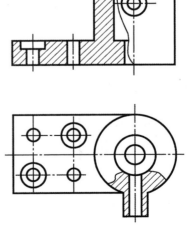

图6-57 填充后的主、俯视图

⑤ 绘制剖切符号。

利用"pline"命令绘制俯视图中的剖切符号,如图 6-58 所示。

单击"绘图"→"多段线"命令,命令行提示如下:

命令:_pline↙

指定起点:

当前线宽为 0.00(默认线宽为 0)

指定下一点或[圆弧(A)/半宽(H)/长度(L)/放弃(U)/宽度(W)]:W↙

指定起点宽度 <0.00>:0↙

指定端点宽度 <0.00>:0.5↙

指定下一点或[圆弧(A)/半宽(H)/长度(L)/放弃(U)/宽度(W)]:(绘制箭头)

指定下一点或[圆弧(A)/半宽(H)/长度(L)/放弃(U)/宽度(W)]:W↙

指定起点宽度 <0.05>:0↙

指定端点宽度 <0.00>:0↙

指定下一点或[圆弧(A)/半宽(H)/长度(L)/放弃(U)/宽度(W)]:(绘制箭头引线)

指定下一点或[圆弧(A)/半宽(H)/长度(L)/放弃(U)/宽度(W)]:W↙

指定起点宽度 <0.00>:0.1↙

指定起点宽度 <0.10>:0.1↙

指定下一点或[圆弧(A)/半宽(H)/长度(L)/放弃(U)/宽度(W)]:(绘制直线)

指定下一点或[圆弧(A)/半宽(H)/长度(L)/放弃(U)/宽度(W)]:W↙

指定起点宽度 <0.10>:0↙

指定端点宽度 <0.00>:0↙

指定下一点或[圆弧(A)/半宽(H)/长度(L)/放弃(U)/宽度(W)]:(绘制箭头引线)

指定下一点或[圆弧(A)/半宽(H)/长度(L)/放弃(U)/宽度(W)]:W↙

指定起点宽度 <0.10>:0.5↙

指定端点宽度 <0.50>:0↙

指定下一点或[圆弧(A)/半宽(H)/长度(L)/放弃(U)/宽度(W)]:(绘制箭头)

指定下一点或[圆弧(A)/半宽(H)/长度(L)/放弃(U)/宽度(W)]:W↙

结束命令。

⑥ 修改剖切符号。

利用"break"命令修改剖切符号,如图 6-59 所示。

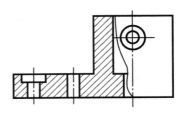

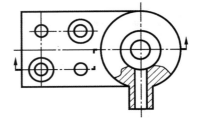

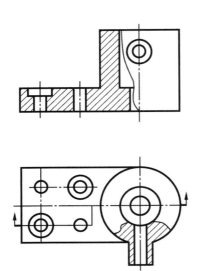

图 **6-58** 绘制剖切符号   图 **6-59** 修改剖切符号

拓 展 练 习

根据所学知识在计算机上用 1:1 比例绘制如图 6-60、图 6-61、图 6-62、图 6-63、图 6-64 图形。

1.

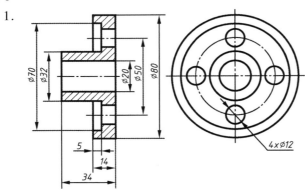

图 **6-60** 练习题 1

2.

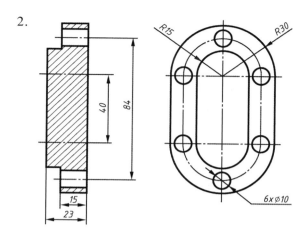

图 6-61　练习题 2

3.

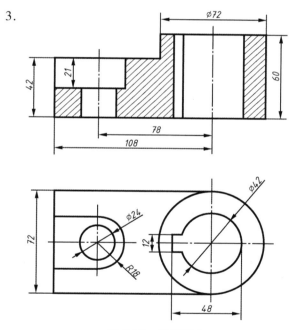

图 6-62　练习题 3

4.

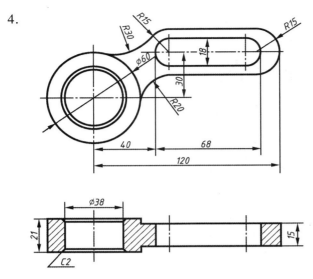

图 6-63　练习题 4

5.

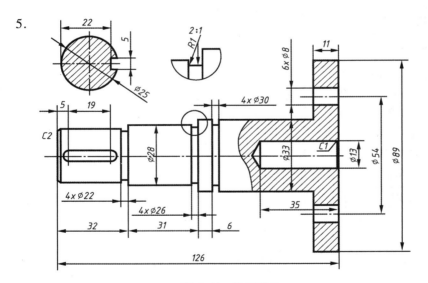

图 6-64　练习题 5

项目七 ▷ **图样中标准件和常用件的识读与绘制**

在机械设备中,除了一般零件外,还有许多广泛使用的常用零件,在这些零件中,既包括结构、尺寸、技术要求都已经标准化的标准件(如螺栓、垫圈、螺母等),也包括一些在结构、尺寸参数等方面部分标准化的常用件(如齿轮等)。

由于标准件和常用件的使用极为广泛,为了便于批量生产以及减少设计和绘图的工作量,国家标准对它们的结构、规格及技术要求等都已全部或部分标准化了,并对其技术图样规定了特殊表示法:一是以简单易画的图线代替烦琐难画的结构的真实投影;二是以标注代号、标记等来表达结构要素的规格和对精度方面的要求。

学习目标

- 掌握螺纹和螺纹连接的规定画法和标记。
- 掌握主要螺纹紧固件的装配图画法。
- 掌握直齿圆柱齿轮啮合的画法。
- 掌握键连接、销连接的装配图画法。
- 熟悉滚动轴承和弹簧的图样表达法。

任务一 掌握螺纹和螺纹连接的画法和正确标注

▶▶ **任务引导**

螺纹及螺纹连接是机械零件中常见的标准化零件。

▶▶ **任务要求**

能按照国家标准准确地绘制和识读螺纹及螺纹连接。

▶▶ **任务实施**

一、螺纹的形成和加工

螺纹是在圆柱或圆锥表面上,经过机械加工而形成的具有规定牙型的螺旋线沟槽(又称丝扣)。在圆柱或圆锥外表面上形成的螺纹称为外螺纹,在内表面上形成的螺纹称为内螺纹。

形成螺纹的加工方法很多,可以在车床上车削外螺纹,也可以在车床上加工内螺纹(图7-1)。若加工直径较小的螺孔,先用钻头钻孔(由于钻头顶角为118°,所以钻孔的底部按120°简化画出),再用丝锥加工内螺纹。

图7-1 螺纹的加工

二、螺纹五要素

内、外螺纹总是成对使用的,只有当内、外螺纹的牙型、公称直径、螺距、线数以及旋向五个要素完全一致时,才能正常地旋合。

1. 牙型

通过螺纹轴线断面上的螺纹轮廓形状称为螺纹牙型。常见的螺纹牙型有三角形、梯形、锯齿形和矩形。其中,矩形螺纹尚未标准化,其余牙型的螺纹均为标准螺纹。

2. 直径

螺纹的直径有大径、小径和中径(图7-2)。

大径是指与外螺纹牙顶或内螺纹牙底相切的假想圆柱或圆锥的直径(即螺纹的最大直径),内、外螺纹的大径分别用 D 和 d 表示,是螺纹的公称直径。

小径是指与外螺纹牙底或内螺纹牙顶相切的假想圆柱或圆锥的直径。内、外螺纹的小径分别用 D_1 和 d_1 表示。

中径是指母线通过牙型上沟槽和凸起宽度相等处的假想圆柱或圆锥的直径。内、外螺纹的中径分别用 D_2、d_2 表示。

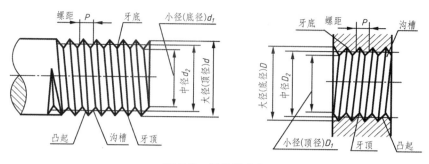

图 7-2　螺纹的直径

3. 线数

螺纹有单线和多线之分。沿一条螺旋线形成的螺纹为单线螺纹[图 7-3(a)];沿两条或两条以上螺旋线形成的螺纹为双线或多线螺纹[图 7-3(b)]。

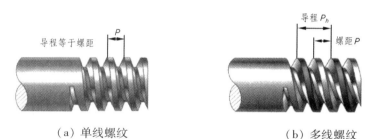

（a）单线螺纹　　　　　　　　　　（b）多线螺纹

图 7-3　螺纹的线数、导程和螺距

4. 螺距和导程

螺纹上相邻两牙在中径线上对应两点间的轴向距离称为螺距(P);沿同一条螺旋线形成的螺纹,相邻两牙在中径线上对应两点间的轴向距离称为导程(P_h)。对于单线螺纹,导程＝螺距;对于线数为 n 的多线螺纹,导程＝n×螺距。

5. 旋向

螺纹有右旋和左旋两种,其判别方法为左旋的左边高,右旋的右边高。工程上常用右旋螺纹。

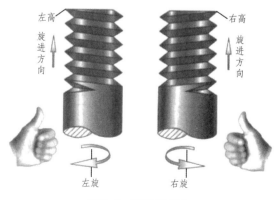

图 7-4　螺纹的旋向

三、螺纹的分类

螺纹按用途可分为四类。

1. 紧固用螺纹

紧固用螺纹简称紧固螺纹,是用来连接零件的连接螺纹,如应用最广的普通螺纹。

2. 传动用螺纹

传动用螺纹简称传动螺纹,用来传递动力和运动,如梯形螺纹、锯齿形螺纹和矩形螺纹等。

3. 管用螺纹

管用螺纹简称管螺纹,如55°非密封管螺纹、55°密封管螺纹、60°密封管螺纹等。

4. 专门用途螺纹

专门用途螺纹简称专用螺纹,如自攻螺钉用螺纹、气瓶专用螺纹等。

四、螺纹的规定画法

1. 外螺纹画法

螺纹的牙顶(大径)和螺纹终止线用粗实线表示;牙底(小径)用细实线表示。通常,小径按大径的 0.85 倍画出,即 $d_1 \approx 0.85d$。在平行于螺纹轴线的视图中,表示牙底的细实线应画倒角或倒圆部分。在垂直于螺纹轴线的视图中,表示牙底的细实线只画约 3/4 圈,此时,螺纹的倒角按规定省略不画。在螺纹的剖视图(或断面图)中,剖面线应画到粗实线。

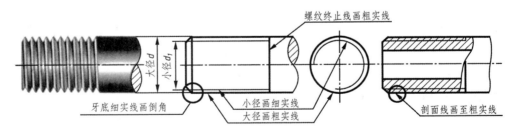

图 7-5　外螺纹的画法

2. 内螺纹画法

在视图中,内螺纹若不可见,所有图线均用虚线绘制。剖开表示时,螺纹的牙顶(小径)及螺纹终止线用粗实线表示;牙底(大径)用细实线表示,剖面线画到粗实线处。在投影为圆的视图中,表示牙底的细实线圆只画约 3/4 圈,倒角圆省略不画。对于不穿通的螺孔(俗称盲孔),应分别画出钻孔深度 H 和螺纹深度 L,钻孔深度比螺纹深度深 $0.3 \sim 0.5D$(D 为螺孔大径)。

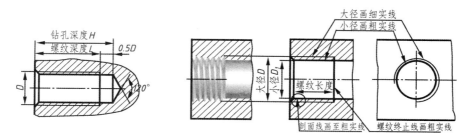

图7-6　内螺纹的画法

3. 螺纹连接画法

内、外螺纹旋合(连接)后,旋合部分按外螺纹画,其余部分仍按各自的画法表示。必须注意,表示大、小径的粗实线和细实线应分别对齐。

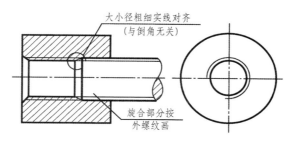

图7-7　螺纹连接的画法

五、螺纹的图样标注

螺纹按画法规定简化画出后,在图上不能反映它的牙型、螺距、线数和旋向等结构要素,因此,必须按规定的标记在图样中进行标注。

根据国家标准规定,螺纹的标注由下列各部分组成:

螺纹牙型代号　公称直径×螺距(或导程/线数)旋向 – 公差带代号 – 旋合长度代号

1. 螺纹的标记规定

① 普通螺纹、梯形螺纹和锯齿形螺纹的螺纹标记构成如下:

| 特征代号 | 公称直径 | × | 导程(P 螺距) | 旋向 | – | 公差带代号 | – | 旋合长度代号 |

例如:

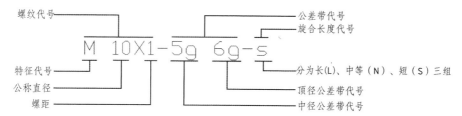

② 管螺纹的螺纹代号内容及标注格式如下：

| 特征代号 | 尺寸代号 | 公差等级代号 | 旋向 |

例如：

特征代号 —— 公差等级代号
尺寸代号(无单位)

2. 常用螺纹的标注示例(表 7-1)

表 7-1　常用螺纹的种类和标记示例

螺纹种类		牙型放大图	特征代号	标记示例		说　明
连接螺纹	普通螺纹	（60°牙型图）	M	粗牙	（M20-6g 标记图）	粗牙普通螺纹,公称直径20mm,右旋。螺纹公差带:中径、顶(大)径均为6g,旋合长度属中等(不标注 N)的一组(按规定 6g 不标注)。
				细牙	（M20X1.5-7H-L 标记图）	细牙普通螺纹,公称直径20mm,螺距为1.5mm,右旋。螺纹公差带:中径、小径均为7H。旋合长度属长的一组。
	管螺纹	（55°牙型图）	G	55°非密封管螺纹	（G1/2A 标记图）	55°非螺纹密封圆柱管螺纹,外螺纹的尺寸代号1/2,公差等级为 A 级,右旋。引出标注。
			R_p R_1 R_C R_2	55°密封管螺纹	（R_c 3/4 标记图）	55°密封的与圆锥外螺纹旋合的圆锥内螺纹,尺寸代号3/4,右旋。引出标注。 　与圆锥内螺纹旋合的圆锥外螺纹的特征代号为 R_2。 　圆柱内螺纹、圆锥外螺纹旋合时,前者和后者的特征代号分为 R_p 和 R_1。

续表

螺纹种类		牙型放大图	特征代号	标记示例	说　明
传动螺纹	梯形螺纹	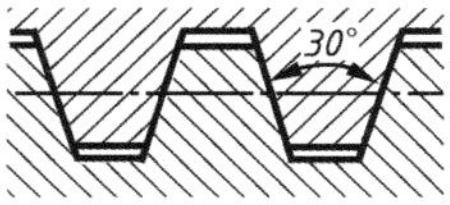	Tr	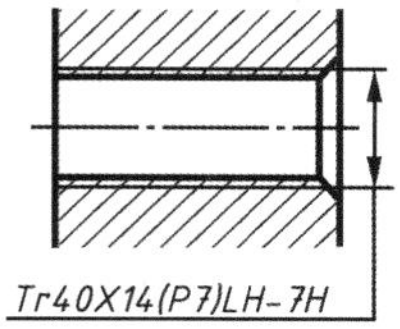 Tr40X14(P7)LH-7H	梯形螺纹,公称直径40mm,双线螺纹,导程14mm,螺距7mm,左旋(代号为LH)。螺纹公差带:中径为7H。旋合长度属中等的一组。
	锯齿形螺纹	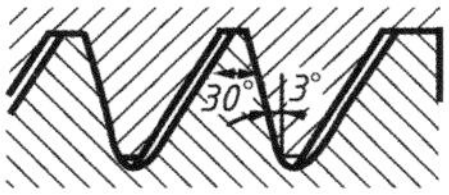	B	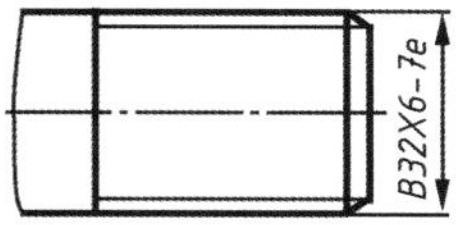 B32X6-7e	锯齿形螺纹,公称直径32mm,单线螺纹,螺距6mm,右旋。螺纹公差带:中径为7e。旋合长度属中等的一组。

3.螺纹标注时的注意点

① 普通螺纹的螺距有粗牙和细牙两种,粗牙螺距不标注,细牙必须标注出螺距。

② 左旋螺纹要注写 LH,右旋螺纹不注。

③ 螺纹公差带代号包括中径和顶径公差带代号,如 5g、6g,前者表示中径公差带代号,后者表示顶径公差带代号。如果中径与顶径公差带代号相同,则只标注一个代号。

④ 普通螺纹的旋合长度规定为短(S)、中(N)、长(L)三组,中等旋合长度(N)不必标注。

⑤ 最常用的中等公差精度的普通螺纹(公称直径≤1.4mm 的 5H、6h 和公称直径≥1.6mm 的 6H、6g),可不标注公差带代号。

⑥ 非螺纹密封的内管螺纹和55°密封管螺纹仅一种公差等级,公差带代号省略不注,如 Rc1。非螺纹密封的外管螺纹有 A、B 两种公差等级,螺纹公差等级代号标注在尺寸代号之后,如 G1 1/2 A-LH。

任务二　掌握螺纹紧固件连接的简化画法

▶▶ 任务引导

螺纹紧固件的种类有很多,在零件图中不用绘制,在装配图中按照规定画法绘制,并且根据国家标准查询型号进行选用。

➤➤ **任务要求**

会根据国家规定画法进行螺纹紧固件的绘制,能根据标记查询型号。

➤➤ **任务实施**

一、常用螺纹紧固件的种类和标记

螺纹紧固件连接零件的方式通常有螺栓连接、螺柱连接和螺钉连接。常用的紧固件有螺栓、螺柱、螺母和螺钉等。它们的结构、尺寸都已标准化,使用时可从相应的标准中查出所需的结构尺寸。常用螺纹紧固件的标记示例见表 7-2。

表 7-2　常用螺纹紧固件的标记示例

名称及标准号	图例及规格尺寸	标记示例
六角头螺栓-A 级和 B 级 GB/T 5782		螺栓 GB/T 5782 M8×40 螺纹规格 d = M8、公称长度 L = 40、性能等级为 8.8 级、表面氧化 A 级的六角头螺栓
双头螺柱-A 级和 B 级 GB/T 897 GB/T 898 GB/T 899 GB/T 900		螺柱 GB/T 898 M8×50 两端均为粗牙普通螺纹、d = M8、L = 50、性能等级为 4.8 级,不经表面处理 B 型 b_m = 1.25 d 的双头螺柱
I 型六角螺母-A 级和 B 级 GB/T 6170		螺母 GB/T 6170 M8 螺纹规格 D = M8、性能等级为 10 级、A 级的 I 型六角螺母
平垫圈-A 级 GB/T 97.1		垫圈 GB/T 97.1 8 140HV 标准系列、公称尺寸 d = 8、硬度等级为 140HV 级、不经表面处理的平垫圈
标准弹簧垫圈 GB/T 93		垫圈 GB/T 93 8 规格 8、材料 65#锰、表面氧化的标准型弹簧垫圈
开槽沉头螺钉 GB/T 68		螺钉 GB/T 68 M8×30 螺纹规格 d = M8、公称尺寸 L = 30、性能等级为 4.8 级、不经表面处理的开槽沉头螺钉

二、螺纹紧固件的连接画法

画螺纹紧固件的连接时先做如下规定：

① 当剖切平面通过螺杆的轴线时，螺栓、螺柱、螺钉以及螺母、垫圈等均按未剖切绘制。

② 在剖视图上，两零件接触表面画一条线，不接触表面画两条线。

③ 相接触两零件的剖面线方向相反。

④ 在连接图中，常用的螺纹紧固件可按简化画法绘制。

在装配体中，零件与零件或部件与部件间常用螺纹紧固件进行连接，最常用的连接形式有：螺栓连接、螺柱连接和螺钉连接。由于装配图主要是表达零部件之间的装配关系，因此，装配图中的螺纹紧固件不仅可按上述画法的基本规定简化地表示，而且图形中的各部分尺寸也可简便地按比例画法绘制。

（1）螺栓连接

螺栓适用于连接两个不太厚的并能钻成通孔的零件。连接时将螺栓穿过被连接两零件的光孔（孔径比螺栓大径略大，一般可按 1.1d 画出），套上垫圈，然后用螺母紧固。螺栓的公称长度 $L \geqslant \delta_1 + \delta_2 + h + m + a$（查表计算后取接近的标准长度）。

根据螺纹公称直径 D 按下列比例作图：$b = 2d$，$h = 0.15d$，$m = 0.8d$，$a = 0.3d$，$k = 0.7d$，$e = 2d$，$d_2 = 2.2d$。

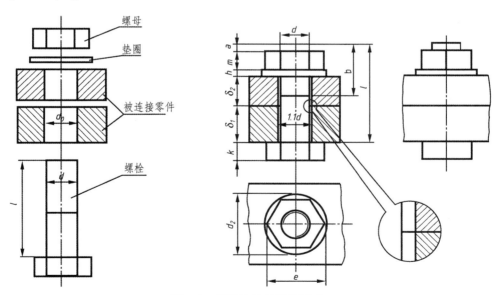

图 7-8　螺栓连接的简化画法

（2）螺柱连接

当被连接零件之一较厚，不允许被钻成通孔时，可采用螺柱连接。螺柱的两端均制有螺纹。连接前，先在较厚的零件上制出螺孔，在另一零件上加工出通孔，将螺柱的一端（称旋入端)全部旋入螺孔内,再在另一端(称紧固端)套上制出通孔的零件,加上弹簧垫圈,拧紧螺母,即完成了螺柱连接,如图7-9所示。

螺柱旋入端的长度 b_m 随被旋入零件(机体)材料的不同而有四种规格:钢 $b_m = d$;铸铁或铜 $b_m = 1.25d \sim 1.5d$;铝 $b_m = 2d$。旋入端的螺纹终止线应与结合面平齐,表示旋入端已拧紧。螺柱的公称长度 $l = \delta + s + m + a$(查表计算后取接近的标准长度)。弹簧垫圈用作防松,其开槽的方向为阻止螺母松动的方向,画成与水平线成60°左上斜的两条平行粗实线。按比例作图时,取 $s = 0.2d, D = 1.5d$,如图7-9所示。

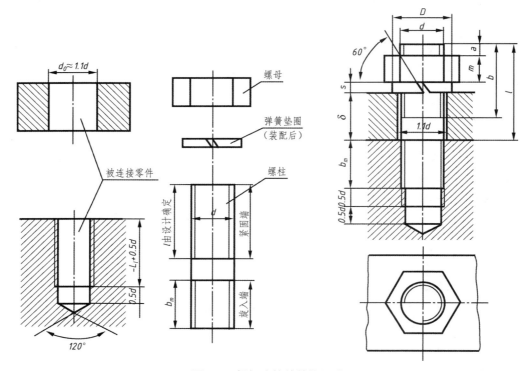

图7-9 螺钉连接的简化画法

(3)螺钉连接

螺钉连接按用途可分为连接螺钉和紧定螺钉两种,前者用于连接零件,后者用于固定零件。

螺钉连接用于受力不大和经常拆卸的场合。装配时将螺钉直接穿过被连接零件上的通孔,再拧入另一被连接零件上的螺孔中,靠螺钉头部压紧被连接零件。螺钉连接的装配图画法仍可采用比例画法,如图7-10所示。

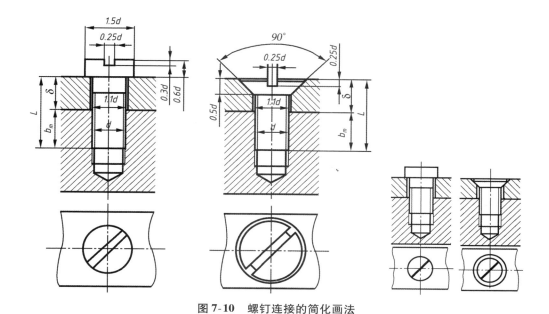

图 7-10 螺钉连接的简化画法

螺钉的公称长度 $l =$ 螺纹旋入深度 $b_m +$ 通孔零件厚度 δ。式中，b_m 与螺柱连接相同，按公称直径的计算值 l 查表确定标准长度。

画螺钉连接装配图时应注意：在螺钉连接中螺纹终止线应高于两个被连接零件的结合面，表示螺钉有拧紧的余地，保证连接紧固。或者在螺杆的全长上都有螺纹。螺钉头部的一字槽的投影可以涂黑表示，在投影为圆的视图上，这些槽应画成45°倾斜位置，线宽为粗实线线宽的两倍。

紧定螺钉用来固定两个零件的相对位置，使它们不产生相对运动。图 7-11 中的轴和齿轮，用一个开槽锥端紧定螺钉旋入轮毂的螺孔，使螺钉端部的 90°锥顶与轴上的 90°锥坑压紧，从而固定了轴和齿轮的相对位置。

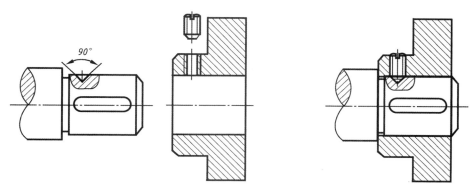

图 7-11 紧定螺钉的连接方法

任务三　绘制直齿圆柱齿轮啮合图

▶▶ 任务引导

齿轮是常用的非标准件,由于其应用广泛,国家标准规定了其规定画法。

▶▶ 任务要求

掌握齿轮的规定画法。

▶▶ 任务实施

一、齿轮

齿轮是广泛用于机器或部件中的传动零件,它用来传递动力,改变转速和回转方向。齿轮的轮齿部分已标准化。图 7-12 是齿轮传动中常见的三种类型。

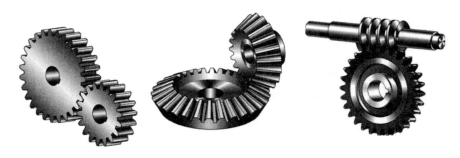

（a）圆柱齿轮　　　　　（b）锥齿轮　　　　　（c）蜗轮蜗杆

图 7-12　齿轮传动的常见类型

1. 圆柱齿轮

圆柱齿轮用于两平行轴之间的传动,如图 7-12(a)所示。

2. 锥齿轮

锥齿轮用于两相交轴之间的传动,如图 7-12(b)所示。

3. 蜗轮蜗杆

蜗轮蜗杆用于两垂直交叉轴之间的传动,如图 7-12(c)所示。

二、直齿圆柱齿轮

1. 直齿圆柱齿轮各部分的名称及代号

① 齿顶圆：通过轮齿顶部的圆，其直径用 d_a 表示。

② 齿根圆：通过轮齿根部的圆，其直径用 d_f 表示。

③ 分度圆：加工齿轮，作为齿轮轮齿分度的圆，在该圆上，齿厚 s 等于齿槽宽 e（s 和 e 均指弧长）。分度圆直径用 d 表示，它是设计、制造齿轮时计算各部分尺寸的基准圆。

④ 齿距：分度圆上相邻两齿廓对应点之间的弧长，用 p 表示。

⑤ 齿高：轮齿在齿顶圆与齿根圆之间的径向距离，用 h 表示。

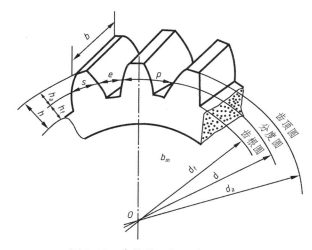

图 7-13　齿轮的几何要素及其代号

- 齿顶高：齿顶圆与分度圆之间的径向距离，用 h_a 表示。
- 齿根高：齿根圆与分度圆之间的径向距离，用 h_f 表示。
- 全齿高：全齿高用 h 表示，$h = h_a + h_f$。

⑥ 中心距：两啮合齿轮轴线之间的距离，用 a 表示。

⑦ 传动比：主动齿轮转速 n_1（转/分）与从动齿轮转速 n_2 之比称为传动比，用 i 表示。由于转速与齿数成反比，因此传动比也等于从动齿轮齿数 z_2 与主动齿轮齿数 z_1 之比，即 $i = n_1/n_2 = z_2/z_1$。

2. 直齿圆柱齿轮的基本参数

① 齿数 z：齿轮上轮齿的个数。

② 模数 m：齿轮的分度圆周长 $\pi d = zp$，则 $d = \dfrac{p}{\pi}z$，令 $\dfrac{p}{\pi} = m$，则 $d = mz$。

所以模数是齿距 p 与圆周率 π 的比值，即 $m = \dfrac{p}{\pi}$，单位为 mm。模数是设计、加工齿轮时十分重要的参数,模数大,齿轮就大,因而齿轮的承载能力也大。国家标准对模数规定了标准数值(表7-3)。

表7-3 渐开线圆柱齿轮模数(GB/T 1357—2008)

第一系列	1、1.25、1.5、2、2.5、3、4、5、6、8、10、12、16、20、25、32、40、50
第二系列	1.125、1.375、1.75、2.25、2.75、3.5、4.5、5.5、(6.5)、7、9、(11)、14、18、22、28、36、45

③ 齿形角:指通过齿廓曲线与分度圆的交点 C 所作的切线与径向所夹的锐角 α,如图7-14 所示。根据 GB/T 1356—2001 的规定,我国采用的标准齿形角 α 为20°。

两标准直齿圆柱齿轮正确啮合传动的条件是模数 m 和齿形角 α 均相等。

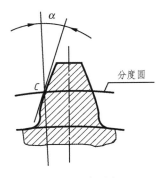

图7-14 齿形角

3. 直齿圆柱齿轮各部分尺寸的计算公式

齿轮的基本参数 z、m、α 确定以后,齿轮各部分尺寸可按表7-4 中公式计算。

表7-4 渐开线圆柱齿轮几何要素的尺寸计算

名　称	代　号	计　算　公　式
齿顶高	h_a	$h_a = m$
齿根高	h_f	$h_f = 1.25m$
齿　高	h	$h = 2.25m$
分度圆直径	d	$d = mz$
齿顶圆直径	d_a	$d_a = m(z + 2)$
齿根圆直径	d_f	$d_f = m(z - 2.5)$
中心距	a	$a = \dfrac{1}{2}(d_1 + d_2) = \dfrac{1}{2}m(z_1 + z_2)$

4. 单个圆柱齿轮

齿轮上的轮齿是多次重复出现的结构,GB/T 4459.2—2003 对齿轮的画法做了如下规定:

① 齿顶圆和齿顶线用粗实线表示;分度圆和分度线用细点画线表示;齿根圆和齿根

线用细实线表示或省略不画。

② 在剖视图中,齿根线用粗实线表示,轮齿部分不画剖面线。

③ 对于斜齿或人字齿的圆柱齿轮,可用三条细实线表示轮齿的方向。齿轮的其他结构按投影画出。

图 7-15 是单个圆柱齿轮的画法,图 7-16 是直齿圆柱齿轮零件的示例图。

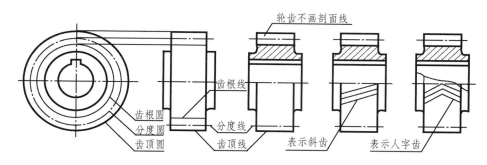

图 7-15　单个圆柱齿轮的画法

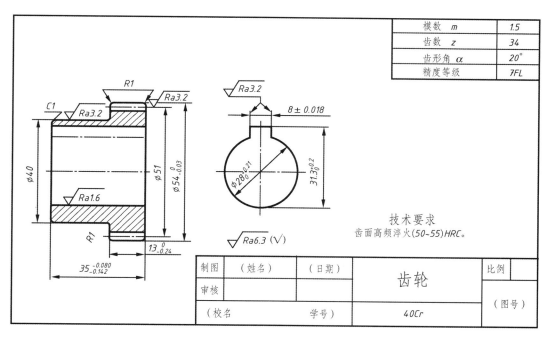

模数	m	1.5
齿数	z	34
齿形角	α	20°
精度等级		7FL

技术要求
齿面高频淬火(50-55)HRC。

制图	（姓名）	（日期）	齿轮		比例	
审核						
（校名）		学号）	40Cr		（图号）	

图 7-16　直齿圆柱齿轮零件图示例

5. 两圆柱齿轮啮合

两标准齿轮互相啮合时,两轮分度圆处于相切的位置,此时分度圆又称为节圆。两齿轮的啮合画法的关键是啮合区的画法,其他部分仍按单个齿轮的画法规定绘制。图 7-17 为圆柱齿轮的啮合画法,啮合区的画法规定如下:

① 在投影为圆的视图中,两齿轮的节圆相切。啮合区内的齿顶圆均画粗实线,也可

以省略不画。

　　② 在非圆投影的剖视图中,两轮节线(分度圆线)重合,画细点画线,齿根线画粗实线。齿顶线的画法是将一个轮的轮齿作为可见画成粗实线,另一个轮的轮齿被遮住部分画成虚线,该虚线也可省略不画。

　　③ 在非圆投影的外形视图中,啮合区的齿顶线和齿根线不必画出,节线画成粗实线。

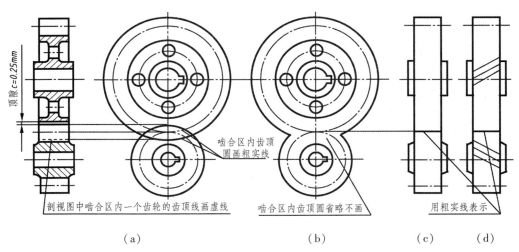

图 7-17　圆柱齿轮的啮合画法

6. 齿轮与齿条啮合

　　当齿轮的直径无限大时,齿轮就成为齿条。此时,齿顶圆、分度圆、齿根圆和齿廓曲线(渐开线)都成为直线。齿轮与齿条相啮合时,齿轮旋转,齿条则做直线运动。齿条的模数和齿形角应与相啮合的齿轮的模数和齿形角相同。齿轮和齿条啮合的画法与两圆柱齿轮啮合的画法基本相同,如图 7-18 所示。在主视图中,齿轮的节圆与齿条的节线应相切。在全剖的左视图中,应将啮合区内的齿顶线之一画成粗实线,另一轮齿被遮部分画成虚线或省略不画。

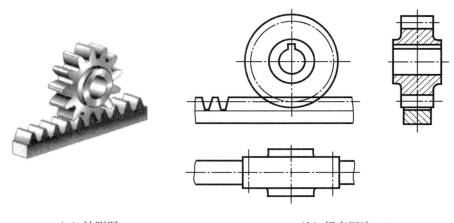

（a）轴测图　　　　　　　　（b）规定画法

图 7-18　齿轮与齿条啮合的画法

任务四 掌握平键连接及销连接的画法

▶▶ 任务引导

平键和销是常用的标准件,要求能按规定画法绘制,按标记查询规格。

▶▶ 任务要求

掌握平键和销的规定画法。

▶▶ 任务实施

一、键连接

键连接是一种可拆连接。键用于连接轴和轴上的传动件(如齿轮、带轮等),使轴和传动件不产生相对转动,保证两者同步旋转,传递扭矩和做旋转运动(图7-19)。

键是标准件,键有普通平键、半圆键和楔键等,常用的是普通平键。普通平键有三种结构:A 型(圆头)、B 型(平头)、C 型(单圆头),如图 7-20 所示。在轴和轮毂上分别加工出键槽,装配时先将键嵌入轴的键槽内,再将轮毂上的键槽对准轴上的键,把轮子装在轴上。传动时,轴和轮子便一起转动。

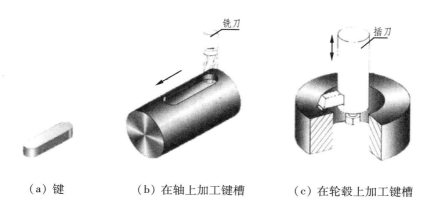

（a）键　　　　　　（b）在轴上加工键槽　　　　　（c）在轮毂上加工键槽

（d）将键嵌入轴槽内　　（e）键与轴同时装入轴孔

图 7-19　键连接

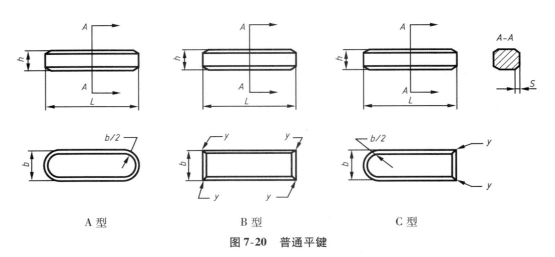

A 型　　　　　　　　B 型　　　　　　　　C 型

图 7-20　普通平键

1. 普通平键的标记

标记示例：

对宽度 $b = 16\text{mm}$、高度 $h = 10\text{mm}$、长度 $L = 100\text{mm}$ 的普通 A 型平键的标记如下：

　　　GB/T 1096　键 A16 × 10 × 100

普通 B 型平键的标记如下：

　　　GB/T 1096　键 B16 × 10 × 100

普通 C 型平键的标记如下：

　　　GB/T 1096　键 C16 × 10 × 100

2. 键连接画法

　　普通平键连接的装配图画法，主视图中键被剖切面纵向剖切，键按不剖处理。为了表示键在轴上的装配情况，采用了局部剖视。在 *A-A* 剖视图中，键被剖切面横向剖切，键要画剖面线（与轮的剖面线方向一致但间隔不等），如图 7-21 所示。由于平键的两个侧面是其工作表面，键的两个侧面分别与轴的键槽和轴孔的键槽两个侧面配合、键的底面与轴的键槽底面接触，画一条线，而键的顶面不与轮毂键槽底面接触，画两条线。

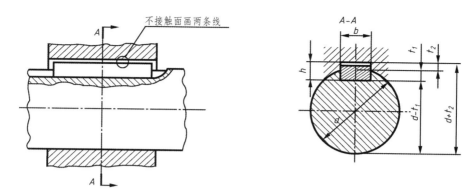

图7-21　键连接的画法与尺寸标注

二、销连接

　　销连接也是一种可拆连接。销也是标准件,通常用于零件间的连接或定位。常用的销有圆柱销和圆锥销,如表7-5所示。

表7-5　销的种类、型式、标记和连接画法

名称及标准	主要尺寸	标　记	连接画法
圆柱销 GB/T 119.1—2000		销 GB/T 119.1—2000 $d \times l$	
圆锥销 GB/T 117—2000	150	销 GB/T 117—2000 $d \times l$	

任务五　用规定画法表示滚动轴承和弹簧

▶▶ **任务引导**

滚动轴承和弹簧是标准件,有其规定画法及通用和简化画法。

▶▶ **任务要求**

掌握滚动轴承和弹簧的识读及装配图中的简化画法。

▶▶ **任务实施**

一、滚动轴承

在机器中,滚动轴承是用来支承轴的标准组件。由于它可以大大减小轴与孔相对旋转时的摩擦力,且具有机械效率高、结构紧凑等优点,因此应用极为广泛。

1. 滚动轴承的结构及其分类

滚动轴承的种类繁多,但其结构大体相同,一般由外圈、内圈、滚动体和保持架组成,如图 7-22 所示。内圈装在轴上,随轴一起转动;外圈装在机体或轴承座内,一般固定不动;滚动体安装在内、外圈之间的滚道中,其形状有球形、圆柱形和圆锥形等,当内圈转动时,它们在滚道内滚动;保持架用来隔离滚动体。滚动轴承按其受力方向可分为三类:

① 向心轴承。主要受径向力,如深沟球轴承。

② 推力轴承。只受轴向力,如推力球轴承。

③ 向心推力轴承。同时承受径向和轴向力,如圆锥滚子轴承。

　　　　　　　　　　　　　　　外圈
　　　　　　　　　　　　　　　内圈
　　　　　　　　　　　　　　　滚动体
　　　　　　　　　　　　　　　保持架

图 7-22　滚动轴承的基本结构

2. 滚动轴承的画法

滚动轴承是标准组件,不必画出其各组成部分的零件图。

在装配图上,只需根据轴承的几个主要外形尺寸:外径 D、内径 d、宽度 B,画出外形轮廓,轮廓内用规定画法或特征画法绘制。各主要尺寸的数值由标准中查得。常用滚动轴承的表示法如表 7-6 所示。

表 7-6　常用滚动轴承的表示法

轴承类型	结构形式	通用画法	特征画法	规定画法	承载特征
		（均指滚动轴承在所属装配图的剖视图中的画法）			
深沟球轴承 （GB/T 276—2013） 6000 型		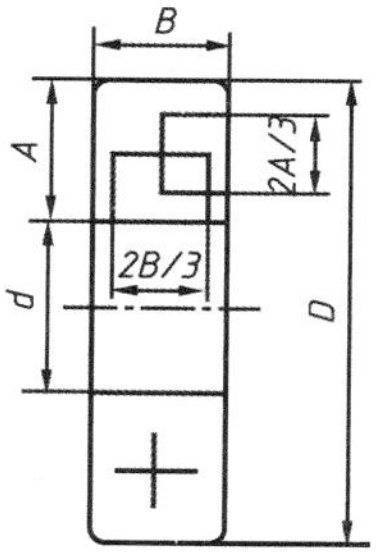	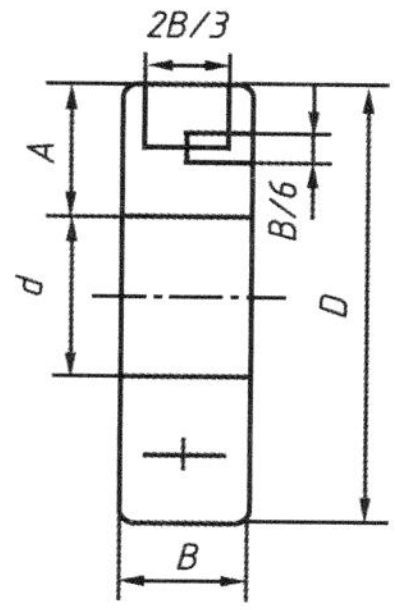	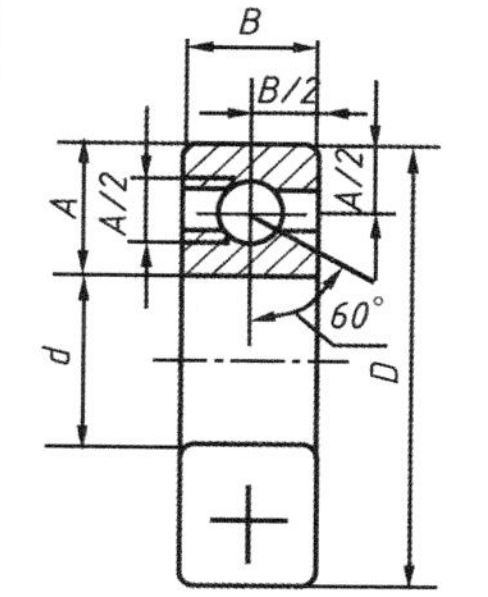	主要承受径向载荷
圆锥滚子轴承 （GB/T 297—1994） 30000 型			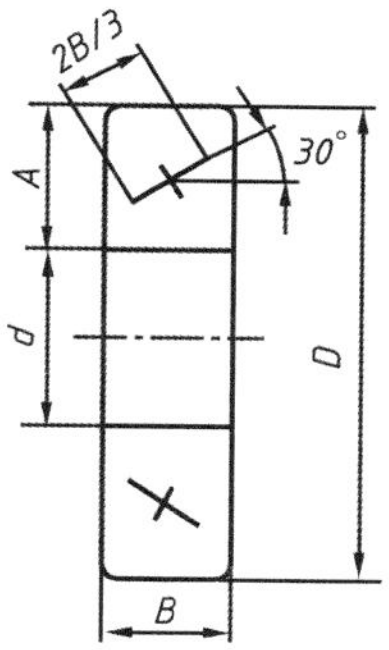	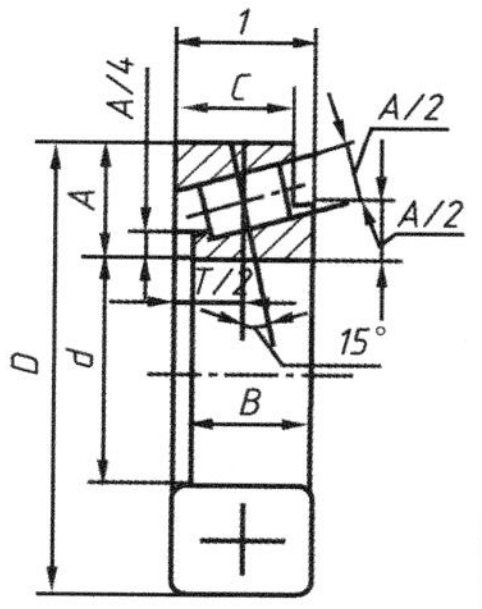	可同时承受径向和轴向载荷
推力球轴承 （GB/T 301—1995） 51000 型			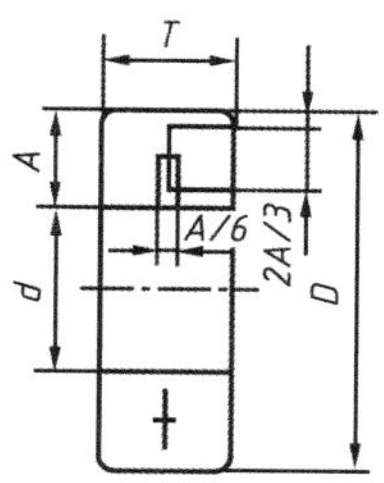	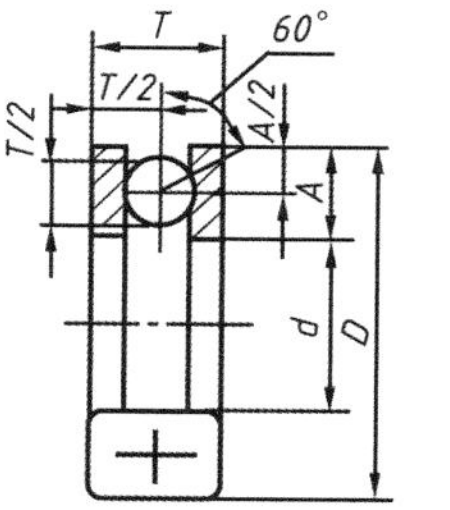	承载单方向的轴向载荷
三种画法的选用场合		当不需要确切地表示滚动轴承的外形轮廓、载荷特性和结构特征时采用	当需要较形象地表示滚动轴承的结构特征时采用	滚动轴承的产品图样、产品样本、产品标准和产品使用说明书中采用	

在装配图中,滚动轴承通常按规定画法绘制。如深沟球轴承上一半按规定画法画出,轴承内圈和外圈的剖面线方向和间隔均相同,而另一半按通用画法画出,即用粗实线画出正十字。必须注意:为了便于装拆,在装配图中,轴肩尺寸应小于轴承内圈外径,孔肩直径应大于轴承外圈内径。通用画法、特征画法、规定画法均指滚动轴承在所属装配图的剖视图中的画法。

3. 滚动轴承的标记

滚动轴承的标记由名称、代号、标准编号三部分组成。轴承的代号有基本代号和补充代号两种。

(1)基本代号

基本代号表示轴承的基本结构、尺寸、公差等级、技术性能等特征。滚动轴承的基本代号(滚针轴承除外)由轴承类型代号、尺寸系列代号、内径代号三部分组成。

① 轴承类型代号。

轴承类型代号用数字或字母表示,见表7-7。类型代号如果是"0",按规定可以省略不注。

表 7-7　滚动轴承类型代号(GB/T 272—1993)

代号	轴承类型	代号	轴承类型
0	双列角接触轴承	6	深沟球轴承
1	调心轴承球轴承	7	角接触球轴承
2	调心滚子轴承和推力调心滚子轴承	8	推力圆柱滚子轴承
3	圆锥滚子轴承	N	圆柱滚子轴承(双列或多列用字母 NN 表示)
4	双列深沟球轴承	U	外球面球轴承
5	推力球轴承	QJ	四点接触球轴承

注:表中代号后或前加字母或数字表示该类轴承中的不同结构。

② 尺寸系列代号。

为适应不同的工作(受力)情况,在内径相同时,有各种不同的外径尺寸,它们构成一定的系列,称为轴承尺寸系列,用数字表示。例如,数字"1"和"7"为特轻系列,"2"为轻窄系列,"3"为中窄系列,"4"为重窄系列等。

③ 内径代号。

内径代号表示滚动轴承的内圈孔径,是轴承的公称内径,用两位数表示。

当代号数字为 00,01,02,03 时,分别表示内径 $d = 10mm, 12mm, 15mm, 17mm$。

当代号数字为 04～99 时,代号数字乘以"5",即为轴承内径。

（2）补充代号

当轴承在形状结构、尺寸、公差、技术要求等方面有改变时,可使用补充代号。在基本代号前面添加的补充代号(字母)称为前置代号,在基本代号后面添加的补充代号(字母或字母加数字)称为后置代号。前置代号与后置代号的有关规定可查阅有关手册。

二、弹簧

弹簧主要用于减震、夹紧、储存能量和测力等方面(图 7-23)。弹簧的特点是去掉外力后,能立即恢复原状。

图 7-23　常用的弹簧

1. 圆柱螺旋压缩弹簧(图 7-24)各部分名称及尺寸计算

① 线径 d:弹簧钢丝直径。

② 弹簧外径 D_2:弹簧的最大直径。

③ 弹簧内径 D_1:弹簧的最小直径。

④ 弹簧中径 D:弹簧的平均直径。

⑤ 节距 t:除支承圈外,相邻两有效圈上对应点之间的轴向距离。

⑥ 有效圈数 n、支承圈数 n_2 和总圈数 n_1:为了使螺旋压缩弹簧工作时受力均匀,增加弹簧的平稳性,将弹簧的两端并紧、磨平。并紧、磨平的圈数主要起支撑作用,称为支承圈。两端各有 $1\frac{1}{4}$ 圈为支承圈,即 $n_2 = 2.5$。保持相等节距的圈数,称为有效圈数。有效圈数与支承圈数之和称为总圈数,即 $n_1 = n + n_2$。

⑦ 自由高度 H_0:弹簧在不受外力作用时的高度(或长度)。

⑧ 展开长度 L:制造弹簧时坯料的长度。

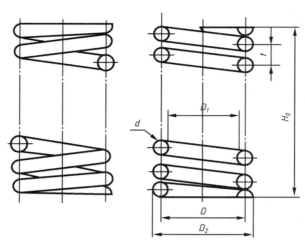

图 7-24　圆柱螺旋压缩弹簧

2. 圆柱螺旋压缩弹簧的画法

① 弹簧在平行于轴线投影面上的视图中,各圈的轮廓不必按螺旋线的真实投影画出,可用直线来代替螺旋线的投影。

② 螺旋弹簧均可画成右旋,但左旋弹簧不论画成左旋或右旋,一律要加注旋向"左"字。在有特定的右旋要求时也应注明"右旋"。

③ 有效圈数在 4 圈以上的螺旋弹簧,中间各圈可以省略,只画出其两端的 1~2 圈(不包括支承圈),中间只需用通过簧丝断面中心的细点画线连起来。省略后,允许适当缩短图形的长度,但应注明弹簧设计要求的自由高度,如图 7-25 所示。

④ 在装配图中,螺旋弹簧被剖切后,不论中间各圈是否省略,被弹簧挡住的结构一般不画,其可见部分应从弹簧的外轮廓线或弹簧钢丝剖面的中心线画起。

⑤ 在装配图中,当弹簧钢丝的直径在图上等于或小于 2mm 时,其断面可以涂黑表示。支承圈不等于 2.5 圈时可按 2.5 圈画。

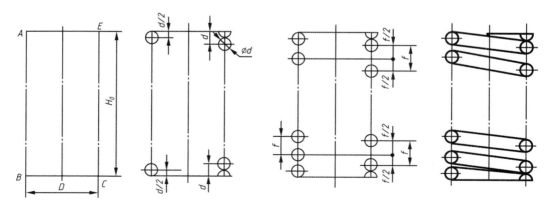

图 7-25　圆柱螺旋压缩弹簧的画图步骤

3. 弹簧在装配图中的表达方式

在装配图中,弹簧被看作实心物体,因此,被弹簧挡住的结构一般不画出。可见部分应画至弹簧的外轮廓或弹簧中径处,如图 7-26(a)所示。当簧丝直径在图形上小于或等于 2mm 并被剖切时,其表面可以涂黑表示,如图 7-26(b)所示。也可采用示意画法,如图 7-26(c)所示。

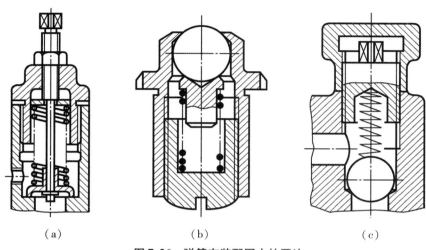

| (a) | (b) | (c) |

图 7-26 弹簧在装配图中的画法

任务六 应用 AutoCAD 绘制标准件

▶▶ 任务引导

学习"正多边形""镜像""倒圆角""倒角"命令的应用。

▶▶ 任务要求

能够按照国标规定画法绘制螺栓。

▶▶ 任务实施

1."正多边形"命令

(1)概述

正多边形是 AutoCAD 中经常用到的一种简单图形。AutoCAD 中,利用"polygon"命令可以绘制边数为 3 ~ 1024 的正多边形。

(2)执行方法

"绘图"工具栏:单击"正多边形"按钮 。

菜单:"绘图"→"正多边形"。

命令行:输入"polygon",按【Enter】键。

(3)命令行提示

输入边数数目 < 4 >:

指定正多边形的中间点或[边(E)]:

输入选项[内接于圆(I)/外切于圆(C)]:

指定圆的半径:

(4)选项说明

若指定边画正多边形,则在以上提示的第二行输入"E",然后拾取边的两个端点 A、B,系统按 A、B 顺序以逆时针方向绘制正多边形(图 7-27)。

(a)中心和外切圆　　　　(b)中心和内切圆　　　　(c)边的两个端点

图 7-27　正多边形的三种画法

2."镜像"命令

(1)概述

"镜像"命令能将目标对象按指定的镜像轴线作对称复制,原目标对象可保留,也可删除。

(2)执行方法

"修改"工具栏:单击"镜像"按钮 ▲。

菜单:"修改"→"镜像"。

命令行:输入"mirror"或"Mi",按【Enter】键。

(3)命令行提示

激活该命令后,系统首先提示选择对象,然后提示输入两个点,将这两个点的连线作为镜像轴,再提示是否删除源对象,最后完成镜像操作,画出新生成的镜像对象。镜像对象示例如图 7-28 所示。

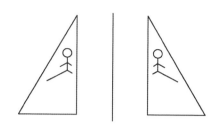

图 7-28　镜像对象示例

3.“圆角”命令

（1）概述

利用“圆角”命令能通过一个指定半径的圆弧来光滑地连接两个对象。

（2）执行方法

“修改”工具栏：单击“圆角”按钮 ⌐。

菜单：“修改”→“圆角”。

命令行：输入“fillet”，按【Enter】键。

（3）命令行提示

当前设置：“模式”修剪，半径＝0.0000

选择第一个对象或［放弃(U)/多段线(P)/半径(R)/修剪(T)/多个(M)］：

（4）选项说明

第一行显示了剪切模式和倒角圆弧的半径，第二行要求用户输入倒角选项。如果直接选择对象，则 AutoCAD 会要求用户选择第二个倒角对象，然后用当前的剪切模式和半径绘制倒角圆弧。

- 多段线(P)：用于对多段线的所有顶点进行修圆角。
- 半径(R)：用于确定连接圆角对象的圆弧的半径。
- 修剪(T)：用于设定是否裁剪过渡圆角。
- 多个(M)：重复多个角的圆角过渡。

注意：

① 对于不平行的两对象，当有一个对象长度小于圆角半径时，不能倒圆角。

② 可以为平行直线倒圆角（以平行线间距离为圆角直径）。

③ 注意在选择对象时光标点击的位置。

④ “圆角”命令可以用于实体等三维对象。

例　图 7-29 显示了倒圆角前后多段线的变化。

输入“fillet”，按【Enter】键。

命令行提示如下：

当前设置：“模式”修剪，半径＝0.0000

选择第一个对象或［放弃(U)/多段线(P)/半径(R)/修剪(T)/多个(M)］：R ↙

指定圆角半径<0.0000>:8↙

选择第一个对象或[放弃(U)/多段线(P)/半径(R)/修剪(T)/多个(M)]:P↙

拾取二维多段线:拾取多段线↙

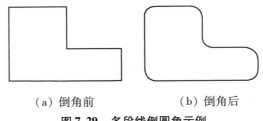

(a)倒角前   (b)倒角后

图7-29 多段线倒圆角示例

4."倒角"命令

(1)概述

利用"倒角"命令能连接两个非平行的对象,通过延伸或修剪使它们相交,或利用斜线连接。

(2)执行方法

"修改"工具栏:单击"倒角"按钮。

菜单:"修改"→"倒角"。

命令行:输入"chamfer"或"cha",按【Enter】键。

(3)操作步骤

以"指定两边距离"倒角为例:

输入"chamfer",按【Enter】键。命令行提示如下:

当前模式:("修剪"模式)当前倒角距离1=0.0000,距离2=0.0000↙

选择第一条直线或[放弃(U)/多段线(P)/半径(R)/修剪(T)/方式(E)/多个(M)]:D↙

指定第一个倒角距离<0.0000>:2↙

指定第二个倒角距离<0.0000>:2↙

选择第一条直线或[放弃(U)/多段线(P)/半径(R)/修剪(T)/方式(E)/多个(M)]:(选择要倒角的第一条边)

选择第一条直线或[放弃(U)/多段线(P)/半径(R)/修剪(T)/方式(E)/多个(M)]:(选择要倒角的第二条边)

(4)选项说明

● 多段线(P):对多段线指定统一的倒角过渡,即多段线倒角距离一致。

● 角度(A):用于确定过渡圆弧的包络角。

● 修剪(T):倒角时是否裁剪原来的对象,默认设置为裁剪。

● 多个(M):重复多个角的倒角过渡。

5. "延伸"命令

（1）概述

"延伸"命令能延伸对象,使它们精确地延伸至由其他对象定义的边界,或将对象延伸到它们将要相交的某个边界上。

（2）执行方法

"修改"工具栏:单击"延伸"按钮 ![] 。

菜单:"修改"→"延伸"。

命令行:输入"extend"或"ex",按【Enter】键。

（3）操作步骤

输入"extend"命令后,AutoCAD 提示:首先选择边界,然后指定要延伸的对象。其他的选项含义与 trim 命令非常相似,在此不再赘述,如图 7-30 所示。

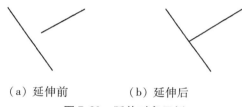

（a）延伸前　　　（b）延伸后

图 7-30　延伸对象示例

6. 绘制 M12 螺栓

按机械制图中的比例画法绘制 M12 螺栓,如图 7-31 所示。

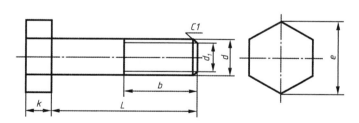

图 7-31　螺栓的简化画法

（1）设置绘图环境

① 设置绘图单位。单击"格式"→"单位"命令,打开"图形单位"对话框,在"长度"选项区,设置"类型"为小数,"精度"为 0.00;在"角度"选项区,设置"类型"为十进制数,"精度"为 0.0。

② 设置图形界限。单击"格式"→"图形界限"命令,根据图形尺寸将图形界限设置为 297×210。

③ 打开栅格,显示图形界限。

④ 创建"粗实线""细实线""中心线"图层。

（2）绘制左视图

① 绘制基准线。

② 绘制一个 $\phi 24$ 的圆的外切正六边形。单击"绘制"→"正多边形"命令，命令行提示如下：

输入边的数目 <6>:6 ↙

指定正多边形的中心点或[边(E)]:指定基准线交点

输入选项[内接于圆(I)/外切于圆(C)] <C>:I↙

指定圆的半径:12 ↙

（3）旋转图形

单击"修改"→"旋转"，命令行提示如下：

UCS 当前的正角方向:ANGDIR = 顺时针　ANGDIR = 0

选择对象:找到 1 个(选择正六边形)

选择对象:↙

指定基点:(指定圆心为基点)

指定旋转角度,或[复制(C)/参照(R)] <0>: -30 ↙

（4）绘制主视图,倒角

按照机械制图比例画法绘制主视图,其中 $L = 50mm, d_1 = 0.85d, b = 2d, e = 2d, k = 0.7d$。

单击"修改"→"倒角"命令,命令行提示如下：

("修剪"模式)当前倒角距离 1 = 0.00,距离 2 = 0.00

选择第一条直线或[放弃(U)/多段线(P)/距离(D)/角度(A)/修剪(T)/方式(E)/多个(M)]:D↙

指定第一个倒角距离 <0.00>:1 ↙

指定第二个倒角距离 <1.00>: ↙

选择第一条直线或[放弃(U)/多段线(P)/距离(D)/角度(A)/修剪(T)/方式(E)/多个(M)]:(单击第一条边)

选择第二条线,或按住 Shift 键选择要应用角点的直线:(单击第二条边)

拓展练习

1. 已知钢板厚 $t_1 = 25mm, t_2 = 25mm$,依据国家标准查表绘制如图 7-32 所示的 M30 螺栓连接。

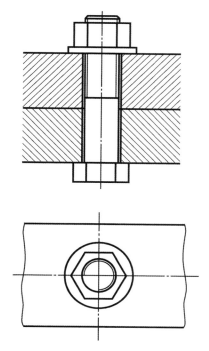

图 7-32 绘制 M30 螺栓连接

2. 按尺寸和制图国家标准绘制标准齿轮零件图（图 7-33）。

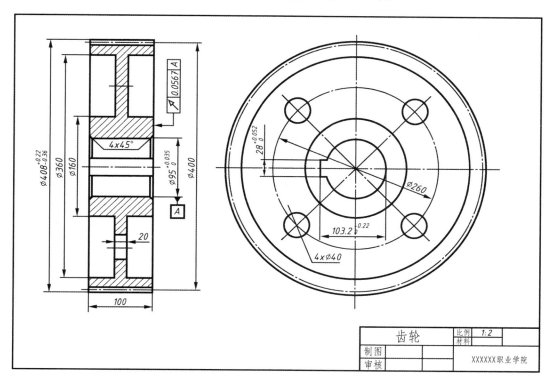

图 7-33 绘制标准齿轮零件图

项目八 回转体零件图的识读与绘制

学习目标

- 熟悉和掌握轴套类零件图的表达方法,掌握轴套类零件图上的技术要求,掌握轴套类零件图的识读和测绘方法。
- 熟悉和掌握盘盖类零件图的表达方法,掌握盘盖类零件图上的技术要求,掌握盘盖类零件图的识读和测绘方法。

任务一 识读与绘制轴套类零件图

▶▶ 任务引导

一、零件图概述

1.零件图的作用

零件图表示零件的结构形状、尺寸大小和有关技术要求,并根据它加工制造零件。

2.零件图与装配图的关系

零件图表示零件的结构形状、尺寸和加工方法,而装配图表示机器或部件的工作原理、零件间的装配关系和技术要求。

二、零件图的内容

1.一组图形

选用一组适当的视图、剖视图、断面图等图形,将零件的内、外形状正确、完整、清晰地表达出来。

2. 齐全的尺寸

须正确、齐全、合理地标注零件在制造和检验时所需要的全部尺寸。

3. 技术要求

用规定的符号、代号、标记和文字说明等简明地给出零件制造和检验时所应达到的各项技术指标与要求，如尺寸公差、表面粗糙度和热处理等。

4. 标题栏

填写零件名称、材料、比例、图号，制图、审核人员签字等。

三、零件图的视图选择

零件图要求把零件的内、外结构形状正确、完整、清晰地表达出来。要满足这些要求，首先要对零件的结构形状特点进行分析，并尽可能了解零件在机器或部件中的位置、作用和它的加工方法，然后灵活地选择视图、剖视图、断面图等表示法。

1. 主视图的选择

主视图是表达零件的一组图形中的核心，在选择主视图时，一般应按以下两方面综合考虑：

（1）零件的安放状态

零件的安放状态应符合零件的加工位置或工作位置。零件图的主视图应尽可能与零件在机械加工时所处的位置一致，如加工轴、套、轮、圆盘等零件，大部分工序是在车床或磨床上进行的，因此，这类零件的主视图应将其轴线水平放置（加工量大的在右端），以便于加工时看图。但有些零件形状比较复杂，如箱体、叉架等加工状态各不相同，需要在不同的机床上加工，其主视图宜尽可能选择零件的工作状态（在部件中工作时所处的位置）绘制。

（2）确定主视图的投射方向

选择主视图投射方向的原则是所画主视图能较明显地反映该零件主要形体的形状特征。

2. 其他视图的选择

主视图确定以后，要分析该零件还有哪些结构形状未表达清楚，再考虑如何将主视图上未表达清楚的部位辅以其他视图表达，并使每个视图都有表达重点。在选择视图时，应优先选用基本视图以及在基本视图上作剖视图。总之，要首先考虑看图方便，在充分表达清楚零件结构和形状的前提下，尽量减少视图的数量，力求制图简便。

四、零件图上技术要求的识读

1. 尺寸公差

在实际生产中，零件的尺寸不可能加工得绝对准确，而是允许零件的实际尺寸在一个合理的范围内变动。这个尺寸允许的变动量就是尺寸公差,简称公差。

下面以图 8-1 为例。

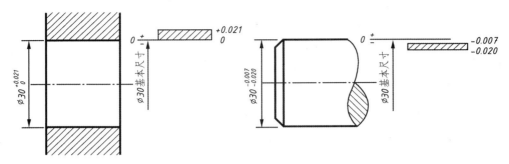

图 8-1 孔与轴的尺寸公差与公差带图

基本尺寸:设计时给定的尺寸,如 $\phi 30$。

极限尺寸:允许零件尺寸变化的两个界限值。它分为最大极限尺寸和最小极限尺寸。如 $\phi 30.021$ 为最大极限尺寸,$\phi 30$ 为最小极限尺寸。

尺寸偏差:某一尺寸减其基本尺寸所得的代数差称为尺寸偏差,简称偏差。最大极限尺寸减其基本尺寸所得的代数差,称为上偏差,孔、轴的上偏差分别用 ES 和 es 表示。最小极限尺寸减其基本尺寸所得的代数差,称为下偏差,孔、轴的下偏差分别用 EI 和 ei 表示。

尺寸公差:允许尺寸的变动量称为尺寸公差,简称公差。

$$公差 = 最大极限尺寸 - 最小极限尺寸 = 上偏差 - 下偏差$$

公差是一个没有正负号的绝对值。

2. 公差的确定

(1)标准公差

由国家标准所列的,用以确定公差带大小的公差称为标准公差,用"IT"表示,共分 20 个等级,即 IT01,IT0,IT1,IT2,…,IT18,等级依次降低。

表 8-1 标准公差数值(GB/T 1800.1—2009)

公称尺寸 /mm		标 准 公 差 等 级																	
		IT1	IT2	IT3	IT4	IT5	IT6	IT7	IT8	IT9	IT10	IT11	IT12	IT13	IT14	IT15	IT16	IT17	IT18
大于	至	μm											mm						
—	3	0.8	1.2	2	3	4	6	10	14	25	40	60	0.1	0.14	0.25	0.4	0.6	4	1.4
3	6	1	1.5	2.5	4	5	8	12	18	30	48	75	0.12	0.18	0.3	0.48	0.75	1.2	1.8
6	10	1	1.5	2.5	4	6	9	15	22	36	58	90	0.15	0.22	0.36	0.58	0.9	1.5	2.2
10	18	1.2	2	3	6	8	11	18	27	43	70	110	0.18	0.27	0.43	0.7	1.1	1.8	2.7
18	30	1.5	2.5	4	6	9	13	21	33	52	84	130	0.21	0.33	0.52	0.84	1.3	2.1	3.3

续表

公称尺寸 /mm		标 准 公 差 等 级																	
		IT1	IT2	IT3	IT4	IT5	IT6	IT7	IT8	IT9	IT10	IT11	IT12	IT13	IT14	IT15	IT16	IT17	IT18
30	50	1.5	2.5	4	7	11	16	25	39	62	100	160	0.25	0.39	0.62	1	1.6	2.5	3.9
50	80	2	3	5	8	13	19	30	46	74	120	190	0.3	0.46	0.74	1.2	1.9	3	4.6
80	120	2.5	4	6	10	15	22	35	54	87	140	220	0.35	0.54	0.87	1.4	2.2	3.5	5.4
120	180	3.5	5	8	12	18	25	40	63	100	160	250	0.4	0.63	1	1.6	2.5	4	6.3
180	250	4.5	7	10	14	20	29	46	72	115	185	290	0.46	0.72	1.15	1.85	2.9	4.6	7.2
250	315	6	8	12	16	23	32	52	81	130	210	320	0.52	0.81	1.3	2.1	3.2	5.2	8.1

（2）基本偏差

用以确定公差带相对于零线位置的那个极限偏差称为基本偏差。它可以是上偏差或下偏差，一般是指靠近零线的那个偏差。如图 8-2 所示，图中只定性地表示了基本偏差相对零线的位置，具体数值应查阅相关标准。

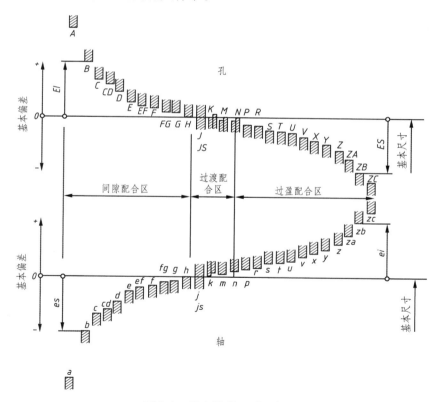

图 8-2　基本偏差系列示意图

（3）公差在技术图样中的标注

① 上、下偏差的字高比尺寸数字小一号，且下偏差与尺寸数字在同一水平线上。

② 当公差带相对于基本尺寸对称时,采用 ± 偏差的绝对值的注法,如 $\phi30 \pm 0.016$。

③ 上、下偏差的小数点位必须相同、对齐,当上偏差或下偏差为零时,用数字 0 标出。

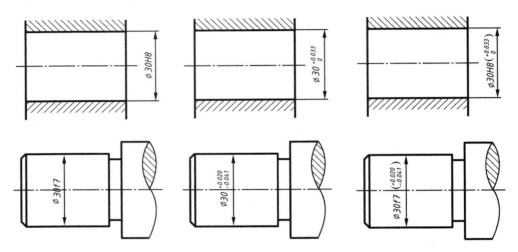

图 8-3　尺寸公差在零件图中的标注

3. 配合及配合制

（1）配合

基本尺寸相同的、相互结合的孔和轴公差带之间的关系称为配合。根据孔和轴的配合性质不同,又分为以下几种:

① 间隙配合:具有间隙(包括最小间隙等于零)的配合,此时孔的公差带在轴的公差带之上。

② 过盈配合:具有过盈(包括最小过盈等于零)的配合,此时孔的公差带在轴的公差带之下。

③ 过渡配合:可能具有间隙或过盈的配合,此时孔、轴的公差带重叠。

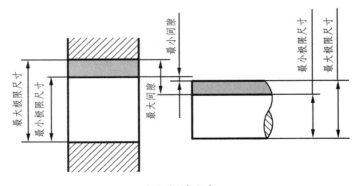

（a）间隙配合

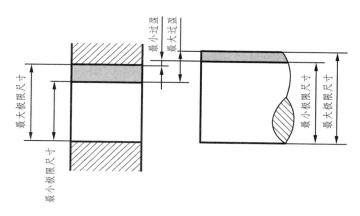

（b）过盈配合

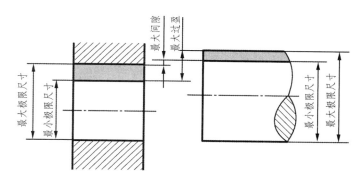

（c）过渡配合

图 8-4　配合类别

（2）配合制

采用配合制是为了统一基准件。为了便于设计和制造，实现配合标准化，为此，国家标准规定了两种配合制，即基孔制和基轴制。

① 基孔制。

基本偏差为一定的孔的公差带与不同基本偏差的轴的公差带形成各种配合的一种制度。基孔制中的孔为基准孔，规定其基本偏差代号为 H，其下偏差为零，上偏差为正值。

② 基轴制。

基本偏差为一定的轴的公差带与不同基本偏差的孔的公差带形成各种配合的一种制度。基轴制中的轴为基准轴，规定其上偏差为零，下偏差为负值。

五、形位公差

零件加工过程中，不仅会产生尺寸误差，也会出现形状和相对位置的误差。形状和位置误差的允许变动量称为形状和位置公差，简称形位公差。

1. 形位公差的特征项目及其符号

形位公差的特征项目及其符号如表 8-2 所示。

表 8-2 形位公差的特征项目及其符号

公差类型	几何特征	符号	有无基准	公差类型	几何特征	符号	有无基准
形状公差	直线度	——	无	位置公差	位置度	⊕	有或无
	平面度	▱	无		同心度（用于中心点）	◎	有
	圆度	○	无		同轴度（用于轴线）	◎	有
	圆柱度	⌀	无		对称度	=	有
	线轮廓度	⌒	无		线轮廓度	⌒	有
	面轮廓度	⌓	无		面轮廓度	⌓	有
方向公差	平行度	//	有	跳动公差	圆跳动	↗	有
	垂直度	⊥	有		全跳动	⟋⟋	有
	倾斜度	∠	有				
	线轮廓度	⌒	有				
	面轮廓度	⌓	有				

2. 形位公差的标注

（1）公差框格（图 8-5）

形位公差采用框格进行标注，框格用细实线画出，高度是图样中字体高度的两倍。形状公差分两格，位置公差分三格或三格以上。框格在图样上根据需要可画成水平或垂直两种。水平放置的框格，从左到右填写内容；垂直放置的框格，从上向下填写内容。

图 8-5 公差框格

（2）被测要素的标注

用带箭头的指引线将公差框格与有关的被测要素相连，指引线可从框左端或右端垂直引出，不能与框格倾斜，而引向被测要素时可以弯折，但不能多于两次。

指引线的箭头引向被测要素时，必须注意：

① 当被测要素为轮廓要素时，箭头指向可见轮廓线或其延长线上，且明显地与尺寸线错开，如图 8-6(a)、(b)所示。当被测要素为中心要素时，带箭头的指引线应与形成此中心要素的轮廓要素的尺寸线的延长线重合，如图 8-6(c)所示。

② 指引线的箭头应指向公差带的宽度方向或直径方向。指向直径方向时，形位公差

数值前加注 ϕ，如图 8-6(c)所示，若公差带为球面则加注 $S\phi$。

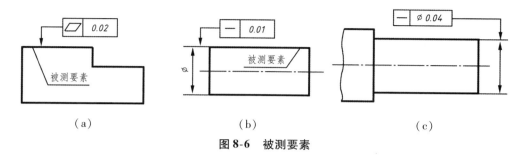

图 8-6　被测要素

（3）基准要素的标注

基准要素是零件上用于确定被测要素的方向和位置的点、线或面,用基准符号(字母注写在基准方格内,与一个涂黑的或者空白的三角形相连)表示,表示基准的字母也应写在公差框格内,如图 8-7(a)所示。

带基准字母的基准三角形应按如下规定放置：

① 当基准要素是轮廓线或轮廓面时,基准三角形放置在要素的轮廓线或其延长线上(与尺寸线明显错开),如图 8-7(b)所示。

② 当基准要素是轴线或中心平面时,基准三角形放置在该尺寸线的延长线上,如图 8-7(c)所示。

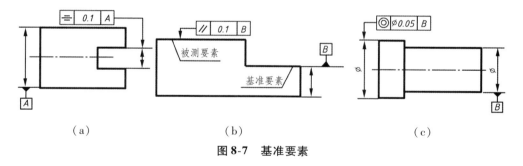

图 8-7　基准要素

六、表面粗糙度

零件经过机械加工后的表面不都是绝对光滑的,用显微镜观察,可看到凹凸不平的刀痕。表面粗糙度是指零件加工后表面上具有较小间距与峰谷所组成的微观不平度。它是评定零件表面质量的一项重要技术指标。

1. 表面粗糙度评定参数

（1）算术平均偏差 Ra

算术平均偏差 Ra 是指在一个取样长度内纵坐标绝对值的算术平均值(图 8-8)。

（2）轮廓最大高度 Rz

轮廓最大高度 Rz 是指在同一取样长度内,最大轮廓峰高和最大轮廓谷深之和的高度。

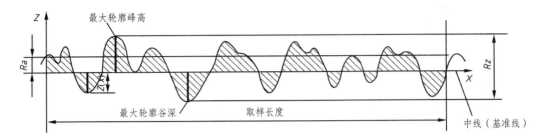

图 8-8　表面粗糙度评定参数

2. 表面结构的图形符号、代号

表面粗糙度的图形符号及其含义如表 8-3 所示。

表 8-3　表面粗糙度符号及其含义

符号名称	符　号	含义及说明
基本图形符号	字高 $h = 3.5$mm $H_1 = 5$mm $H_2 = 10.5$mm	未指定工艺方法的表面,当作为注解时,可单独使用
扩展图形符号		用去除材料的方法获得的表面
		用于不去除材料的表面,也可表示保持上道工序形成的表面
完整图形符号	允许任何工艺　去除材料　不去除材料	在上述三个符号的长边上加一横线,用于标注有关参数和说明

3. 表面粗糙度在图样中的注法

① 表面粗糙度对每一表面一般只注一次,并尽可能注在相应的尺寸及其公差的同一视图上。

② 表面粗糙度的注写和读取方向与尺寸的注写和读取方向一致。表面粗糙度可标注在轮廓线上,其符号应从材料外指向并接触表面,如图 8-9(a)所示。必要时,表面粗糙度也可用带箭头或黑点的指引线引出标注,如图 8-9(b)所示。

③ 在不致引起误解时,表面粗糙度可以标注在给定的尺寸线上,如图 8-10(a)所示。

④ 表面粗糙度可标注在几何公差框格上方,如图 8-10(b)所示。

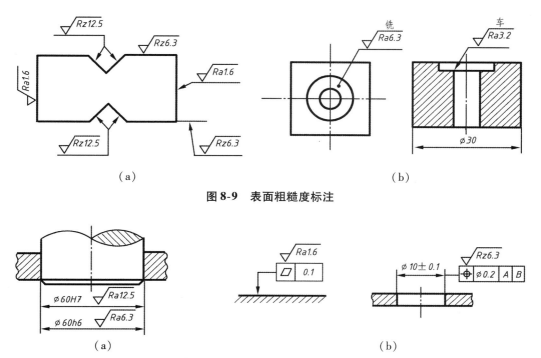

图 8-9　表面粗糙度标注

图 8-10　表面粗糙度在尺寸线和几何公差框格上标注

▶▶ **任务要求**

　　分析齿轮轴零件图的作用及内容,如图 8-11 所示。掌握轴套类零件主视图选择的基本原则及其他视图的选择方法。掌握合理选择尺寸基准的方法,熟悉轴套类零件上常见的工艺结构,掌握它们的尺寸标注方法。

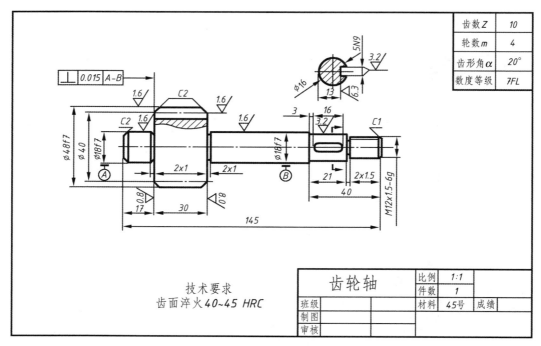

图 8-11 齿轮轴

>> **任务实施**

一、齿轮轴零件图的作用

齿轮轴用于齿轮油泵内部传动,要求传动平稳。齿轮轴零件图是设计人员根据机器或部件对零件的要求,依据机械制图国家标准所绘制的图样,它反映了设计者的设计意图,是设计部门提交给生产部门的重要的技术文件。在零件的制造过程中,齿轮轴零件图是指导零件的生产制造,保证所生产的零件合乎设计要求的依据。

二、齿轮轴零件图的内容

1. 视图

视图由表达零件结构形状的主视图以及反映键槽结构形状的断面图组成。

2. 尺寸

标注尺寸时,除遵照机械制图国家标准中有关尺寸标注的规定外,还应符合下列几项原则:

① 齐全——包括定形尺寸、定位尺寸、总体尺寸。

② 清晰——清晰易找,符合机械制图国家标准。

③ 合理——符合设计要求和工艺要求。

3. 技术要求

（1）表面粗糙度的要求

$\frac{1.6}{\sqrt{}}$ 表示用去除材料的方法获得的 ϕ18f7 表面粗糙度 Ra 上限值为 1.6μm。

$\frac{3.2}{\sqrt{}}$ 表示用去除材料的方法获得的 ϕ16 表面粗糙度 Ra 上限值为 3.2μm。

$\frac{0.8}{\sqrt{}}$ 表示用去除材料的方法获得的齿轮两端表面粗糙度 Ra 上限值为 0.8μm。

$\frac{6.3}{\sqrt{}}$ 表示用去除材料的方法获得的键槽底面表面粗糙度 Ra 上限值为 6.3μm。

（2）尺寸 ϕ18f7、ϕ48f7、5N9 公差

如图 8-11 所示。

（3）形位公差

如 $\boxed{\perp}\ \boxed{0.015}\ \boxed{A\text{-}B}$ 表示垂直度位置公差,被测要素是齿轮的左端面。按照有关规定:指引线箭头应指向该要素的轮廓线或其引出线,并应明显地与尺寸线错开,而基准要素为左端 ϕ18f7 圆柱的中心轴 A 和右端 ϕ18f7 圆柱的中心轴 B,基准符号应与该要素的尺寸线箭头对齐。

（4）表面热处理

为了表达零件的使用性能,在技术要求中对齿轮的轮齿表面作出热处理要求:齿面淬火 40~45HRC。

4. 标题栏

零件名称为齿轮轴,材料为 45 号钢,绘图比例为 1:1。

三、零件视图表达

零件分析是认识零件的过程,是确定零件表达方案的前提。零件的结构和形状及其工作位置或加工位置不同,视图选择往往也不同。因此,应先了解零件的工作和加工情况,以便确切地表达零件的结构和形状,反映零件的设计和工艺要求。

1. 轴套类零件的结构特点

轴套类零件的结构和形状比较简单,一般由大小不同的同轴回转体组成,具有轴向尺寸大于径向尺寸的特点。轴上直径不等所形成的台阶称为轴肩,可供安装在轴上的零件轴向定位用。轴类零件上常有倒角、倒圆、退刀槽、砂轮越程槽、键槽、螺纹、销孔等结构。

2. 主视图的选择

此类零件主要是在车床或磨床上加工。主视图一般按加工位置将轴线水平放置来画。通常将轴的大头朝左,小头朝右,这样既可把各段形体的相对位置表示清楚,同时又能反映出轴上的轴肩、退刀槽等结构。在主视图中,轴上的各段形体的直径尺寸在其数字

前加注符号 φ 表示;轴上键槽、孔可朝前或朝上,以便于表示其形状和位置;形状简单且较长的零件可采用折断画法;实心轴上个别部分内部结构形状,可用局部剖视图兼顾表达;空心套可用剖视图表达;轴端中心孔不作剖视图,用规定标准代号表示。

3. 其他视图的选择

主视图尚未表达完整清楚的局部结构和形状,如键槽可另用断面图,退刀槽可用局部放大图等补充表达,这样的表达方法既清晰,又便于标注尺寸。

任务二　识读与绘制盘盖类零件图

▶▶ 任务引导

一、盘盖类零件的结构特点

这类零件的主体多数是由共轴的回转体构成的,也有一些盘盖类零件其主体是方形的。这类零件与轴套类零件正好相反,一般是轴向尺寸较小,径向尺寸较大。

因为盘盖类零件一般用于传递动力,所以零件上常常具有轴孔;为了加强交承,减少加工面积,常设计有凸缘、凸台或凹坑等结构;为了与其他零件相连接,盘盖类零件上还常有较多的螺孔、光孔、沉孔、销孔或键槽等结构;此外,有些盘盖类零件上还具有沿圆周分布的轮辐、辐板、肋板以及用于防漏的油沟和毡圈等密封结构。

二、盘盖类零件的视图选择

盘盖类零件通常用两个基本视图来表达,主视图为通过轴线的全剖视图,轴线水平放置,使轴符合其加工位置。对于有些不以车床加工为主的盘盖类零件,主视图可按其形状特征和工作位置确定。有些较复杂的盘盖,因工序较多,主视图亦可按工作位置画出。左视图常用以表示外形轮廓及各种孔和轮辐等的位置。视图具有对称面时可采用半剖视图。必要时可加画断面图、局部视图或局部放大图等。

三、常见孔的尺寸标注

零件上的孔较多,常见的有光孔、沉孔、螺纹孔、销孔等,它们的尺寸标注已基本标准化。表8-4为零件上常见孔的尺寸标注方法。

表 8-4　零件上常见孔的尺寸注法

结构类型		普通注法	旁注法	说明
光孔	一般孔	4×∅4　10	4×∅4 ▽10　　4×∅4H7 ▽10	表示 4 个孔,直径为 ∅4,孔深为 10
	精加工孔	∅4H7　10　12	∅4H7 ▽10　∅4H7 ▽10 ▽12　　　　▽12	钻孔深为 12,钻孔后需精加工至 ∅4H7,精加工深度为 10
	锥销孔	锥销孔∅5	锥销孔∅5	∅5 为与锥销孔相配的圆锥销小头直径 锥销孔通常是相邻两零件装配在一起时加工的
沉孔	锥形沉孔	90°　∅15　6×∅7	6×∅7　　　6×∅7 ∨∅15×90°　∨∅15×90°	6×∅7 表示 6 个孔的直径均为 ∅7。锥形部分大端直径为 ∅15,锥角为 90°
	柱形沉孔	∅12　6　∅6.4	6×∅6.4　　6×∅6.4 ⊔∅12 ▽6　⊔∅12 ▽6	柱形沉孔的小孔直径为 ∅6.4,大孔直径为 ∅12,深度为 6
螺孔	通孔	3×M6-7H	3×M6-7H ▽10　3×M6-7H ▽10	3×M6-7H 表示 3 个直径为 6,螺纹中径、顶径公差带为 7H 的螺孔

续表

结构类型		普通注法	旁注法	说明
螺孔	不通孔	3xM6-7H 10	3xM6-7H ▽10　3xM6-7H ▽10	深10是指螺孔的有效深度为10。钻孔深度以保证螺孔有效深度为准,也可查阅有关手册确定
		3xM6-7H 10 12	3xM6-7H ▽10　3xM6-7H ▽10 孔▽12　　孔▽12	需要注出钻孔深度时,应明确标注钻孔深度尺寸

▶▶ **任务要求**

分析衬盖零件图选择尺寸基准的方法,掌握尺寸的正确、合理的标注方法,熟悉盘盖类零件上常见的工艺结构,如图8-12所示。

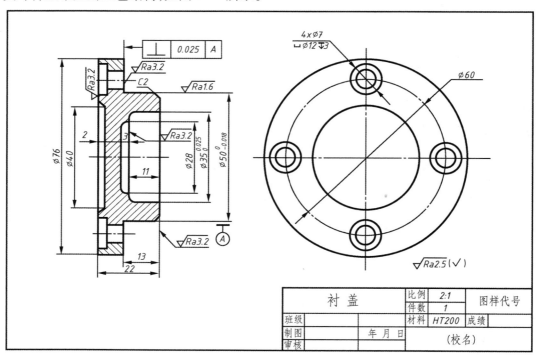

图8-12　衬盖

▶▶ 任务实施

一、看标题栏

先通过标题栏了解零件的名称、材料、比例等,再联系典型零件的分类特点,以及这个零件在部件中的作用,对它有一个初步的概念。从图8-12可知,零件绘图比例为2:1,零件名称为衬盖,材料为HT200,由铸造成坯,经必要的机械加工而成。

二、结构分析和视图表达

衬盖属于盘盖类零件,它的主体部分是一个回转体。盘类零件多用于传动、支承、连接、分度和防护等方面。盘盖类零件通常都有一个底面作为同其他零件靠紧的重要结合面,多用于密封、压紧和支承。

衬盖的毛坯为铸件,机械加工以车削为主,外形简单,内腔较复杂,一般采用两个视图,主视图按加工位置绘制,并用全剖视图表示内部结构,左视图反映均匀分布的4个孔的位置。

三、分析尺寸和技术要求

零件图上的尺寸是零件加工、检验的重要依据,标注尺寸时,应做到标注正确、完整,书写清晰,工艺合理。为了合理地标注尺寸,必须对零件进行结构分析、形体分析和工艺分析,根据分析先确定尺寸基准,然后选择合理的标注形式,再结合零件的具体情况标注尺寸。

1. 选择尺寸基准

选用通过轴孔的轴线作为径向尺寸基准,即零件高度和宽度方向基准,选用重要的端面为长度方向尺寸基准,如图8-13所示。

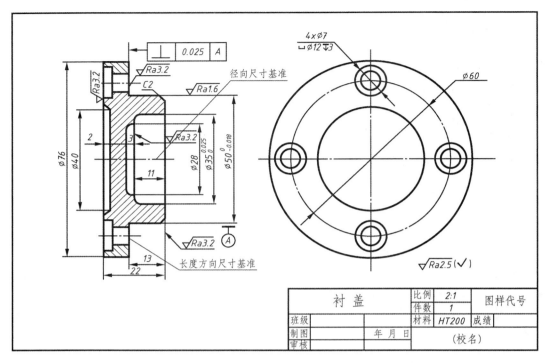

图 8-13　衬盖基准选择

2. 标注定位尺寸和定形尺寸

在标注尺寸时,从基准出发,标注出零件上各部分形体的定位尺寸,然后标注定形尺寸。

需要注意以下几点:

① 一定不要注成封闭尺寸链。封闭尺寸链是头尾相接绕成一整圈的一组尺寸,每个尺寸是尺寸链中的一环,任何一环的尺寸误差同其他各环的加工误差有关。在一般情况下不要注成封闭的形式,应选择其中不太重要的一环不注尺寸,如图 8-13 中长度方向尺寸 2、3、11 和 22 的标注。

② 内、外尺寸分开标注。考虑加工看图方便,不同加工方法所用尺寸分开标注,便于看图加工,如将外形尺寸和内腔尺寸分开标注。

③ 图 8-13 中的 4 个柱形沉孔的标注: $\dfrac{4 \times \varnothing 7}{\sqcup \varnothing 12 \; \overline{\underline{\vee}} 3}$。

3. 选择表面粗糙度

一般来说,不同的表面粗糙度是由不同的加工方法形成的。表面粗糙度是评定零件表面质量的一项重要的指标,提高零件表面粗糙度可以提高其表面耐腐蚀、耐磨性和抗疲劳等能力,但其加工成本也相应提高。因此,零件表面粗糙度的选择原则为:在满足零件表面功能的前提下,表面粗糙度允许值尽可能大些。

当零件的大部分表面具有相同的表面粗糙度要求时,可将符号统一标注在标题栏附近:$\sqrt{Ra2.5}(\sqrt{})$,如图 8-13 所示。图中 $\sqrt{Ra1.6}$ 表示用去除材料的方法获得的表面粗糙度 Ra 上限值为 $1.6\mu m$,$\sqrt{Ra3.2}$ 表示用去除材料的方法获得的表面粗糙度 Ra 上限值为 $3.2\mu m$。每一表面只标注一次符号、代号,可标注在可见轮廓线、尺寸线、尺寸界线或它们的延长线上。

4. 极限与配合

尺寸公差是零件图中的重要内容,也是检验零件质量的技术指标。在实际生产中,常按零件的使用要求给予一定的允许误差,这就需要根据具体情况来适当规定零件的尺寸公差。如图 8-13 中的尺寸 $\phi50^{0}_{-0.018}$、$\phi35^{+0.025}_{0}$。$\phi50^{0}_{-0.018}$ 指基孔制,上偏差 $=0$,下偏差 $=-0.018$;$\phi35^{+0.025}_{0}$ 指基轴制,上偏差 $=+0.025$,下偏差 $=0$。

5. 形状和位置公差

评定零件质量的因素是多方面的,不仅零件的尺寸影响零件的质量,零件的几何形状和结构的位置也大大影响零件的质量。图 8-13 中的 $\boxed{\perp \mid 0.025 \mid A}$ 表示垂直度公差,被测要素是长度方向的尺寸面,是轮廓要素,指引线箭头应指向该要素的轮廓线或其引出线上,并应明显地与尺寸线错开,而基准要素为中心轴线 A,基准符号应与该要素的尺寸线箭头对齐。

任务三　应用 AutoCAD 绘制回转体

▶▶ 任务引导

掌握 AutoCAD 绘制轴类零件的方法,掌握盘盖类零件的绘制方法。

▶▶ 任务实施

一、绘制普通阶梯轴零件图

绘制如图 8-14 所示的普通阶梯轴零件图。

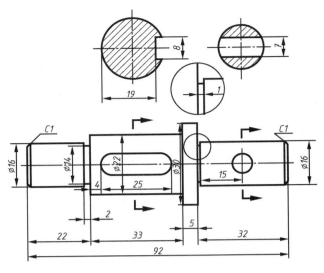

图 8-14 阶梯轴

1. 设置绘图环境

① 设置绘图单位。选择"格式"→"单位"命令,打开"图形单位"对话框,设置长度精度为小数点后 2 位,角度精度为小数点后 1 位。

② 设置图形界限。选择"格式"→"图形界限"命令,根据图形尺寸,将图形界限设置为 297×210。

③ 打开栅格,显示图形界限。

④ 打开图层管理器,创建图层。

右击状态栏中的"对象捕捉"按钮,在弹出的快捷菜单中选择"设置"命令,弹出"草图设置"对话框。在"对象捕捉"选项卡中,选择"端点""交点""切点"复选框,单击"确定"按钮,设置捕捉模式为端点、交点、切点。为提高绘图速度,最好同时打开"对象捕捉""对象追踪""极轴"模式。

2. 绘制图形轮廓

① 选择"中心线"图层,执行"直线"命令,绘制中心线,如图 8-15 所示。

—— · —— · —— · —— · ——

图 8-15 中心线

② 选择"粗实线"图层,执行"直线"命令,绘制轴的轮廓线,如图 8-16 所示。

③ 执行"镜像"命令,以水平中心线为镜像线,镜像图形,如图 8-17 所示。

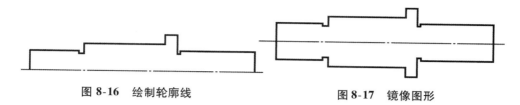

图 8-16　绘制轮廓线　　　　　　　图 8-17　镜像图形

3. 绘制图形细节

① 执行"直线"命令,捕捉端点绘制连接线,如图 8-18 所示。

② 执行"倒角"命令,选择"角度"倒角方式,指定第一条直线的倒角长度为 1,角度为 45°,在轴两端进行倒角,如图 8-19 所示。

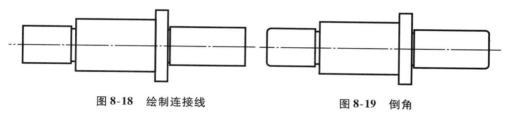

图 8-18　绘制连接线　　　　　　　图 8-19　倒角

③ 执行"直线"命令,绘制倒角连接直线,如图 8-20 所示。

④ 执行"圆"命令,绘制直径为 7 和 8 的圆,如图 8-21 所示。

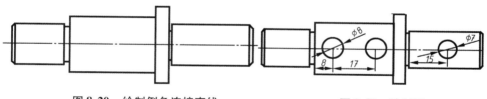

图 8-20　绘制倒角连接直线　　　　图 8-21　绘制圆

⑤ 执行"直线"命令,捕捉圆象限点,绘制连接直线,如图 8-22 所示。

⑥ 执行"修剪"命令,修剪图形,如图 8-23 所示。

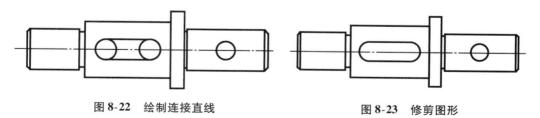

图 8-22　绘制连接直线　　　　　　图 8-23　修剪图形

4. 绘制断面图

① 选择"中心线"图层,执行"直线"命令,绘制中心线,如图 8-24 所示。

② 执行"圆"命令,以中心线交点为圆心,分别绘制直径为 16 和 22 的圆,如图 8-25 所示。

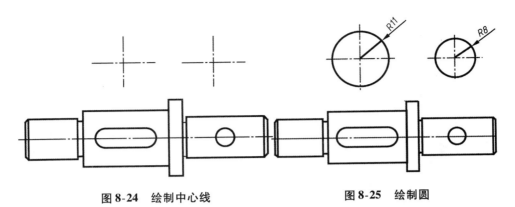

图 8-24 绘制中心线   图 8-25 绘制圆

③ 执行"偏移"命令,偏移中心线,如图 8-26 所示。

④ 将偏移的图线切换至"轮廓线"图层,执行"修剪"命令,修剪图形,如图 8-27 所示。

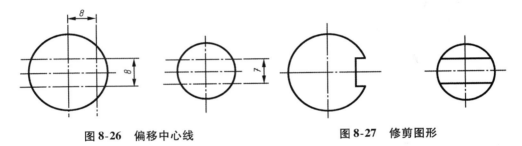

图 8-26 偏移中心线   图 8-27 修剪图形

⑤ 选择"细实线"图层,执行"图案填充"命令,选择"ANSI31"图案,填充剖面线,如图 8-28 所示。

⑥ 选择"粗实线"图层,执行"多段线"命令,利用多段线的"宽度"选项绘制断面箭头,如图 8-29 所示。

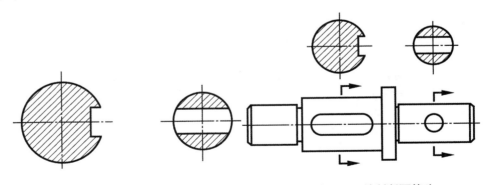

图 8-28 图案填充   图 8-29 绘制断面箭头

5. 绘制局部放大图

① 选择"细实线"图层,执行"圆"命令,在需要放大的区域绘制一个圆,如图 8-30 所示。

② 执行"复制"命令,选中圆和圆内所有对象,并复制至上方位置,执行"修剪"命令修剪圆外的线条,如图 8-31 所示。

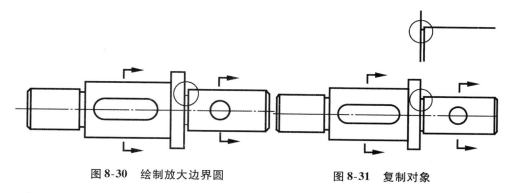

图 8-30　绘制放大边界圆　　　　　图 8-31　复制对象

③ 执行"缩放"命令,选择上一步复制的对象,按比例因子 2 进行缩放,如图 8-32 所示。

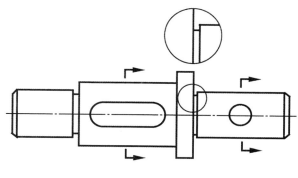

图 8-32　缩放结果

6. 标注图形

① 执行"线性标注"命令,标注零件图线性尺寸,如图 8-33 所示。

② 重复"线性标注"命令,标注各段轴的直径,然后双击直径尺寸,在尺寸值前添加直径符号(可输入命令％％c),如图 8-34 所示。

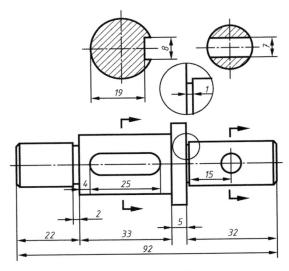

图 8-33　线性标注

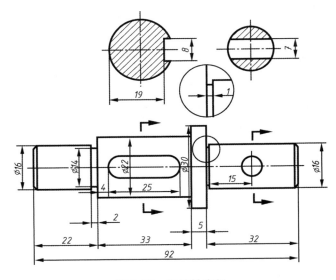

图 8-34　标注轴直径

③ 执行"格式"→"多重引线样式"命令,修改当前的多重引线样式,将箭头类型设置为无。

④ 执行"标注"→"多重引线"命令,标注倒角,如图 8-35 所示。

7. 保存图纸

按要求保存图纸。

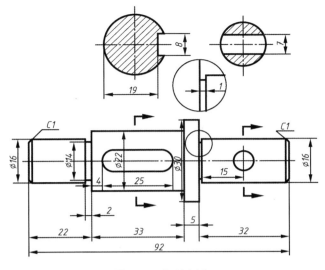

图 8-35　标注倒角

二、绘制法兰盘

绘制如图 8-36 所示的法兰盘。

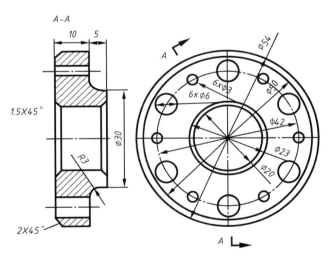

图 8-36　法兰盘

1. 设置绘图环境

① 设置绘图单位。选择"格式"→"单位"命令,打开"图形单位"对话框,设置长度精度为小数点后 2 位,角度精度为小数点后 1 位。

② 设置图形界限。选择"格式"→"图形界限"命令,根据图形尺寸,将图形界限设置为 297×210。

③ 打开栅格,显示图形界限。

④ 打开图层管理器,创建图层。

右击状态栏中的"对象捕捉"按钮,在弹出的快捷菜单中选择"设置"命令,弹出"草图设置"对话框。在"对象捕捉"选项卡中,选择"端点""交点""切点"复选框,单击"确定"按钮,设置捕捉模式为端点、交点、切点。为提高绘图速度,最好同时打开"对象捕捉""对象追踪""极轴"模式。

2. 绘制主视图

① 选择"中心线"图层,执行"直线"命令,绘制中心线,如图 8-37 所示。

② 选择"粗实线"图层,执行"圆"命令,以中心线交点为圆心,绘制直径为 20、23、42、50、54 的圆,并将 $\phi42$ 的圆转换至"中心线"图层,如图 8-38 所示。

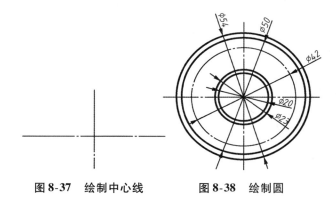

图 8-37　绘制中心线　　　图 8-38　绘制圆

③ 选择"中心线"图层,开启极轴追踪,设置追踪角为 30°、60° 极轴方向的直线,如图 8-39 所示。

④ 选择"粗实线"图层,执行"圆"命令,以中心线与 $\phi42$ 圆的交点为圆心,绘制直径为 3 和 6 的圆,如图 8-40 所示。

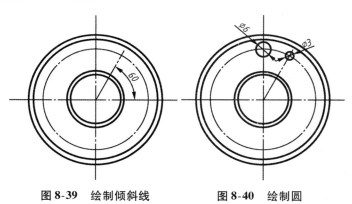

图 8-39　绘制倾斜线　　　图 8-40　绘制圆

⑤ 执行"环形阵列"命令,以同心圆圆心为阵列中心,将 φ6 和 φ3 的圆沿圆周阵列 6 个,如图 8-41 所示。

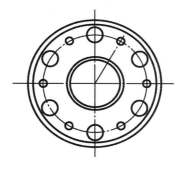

图 8-41　阵列圆

3. 绘制剖视图

① 选择"中心线"图层,执行"直线"命令,绘制与主视图对齐的中心线,如图 8-42 所示。

② 选择"粗实线"图层,执行"直线"命令,根据三视图"高平齐"原则,绘制剖视图的竖直轮廓线,如图 8-43 所示。

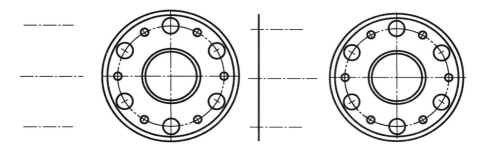

图 8-42　绘制中心线　　　　　图 8-43　绘制轮廓线

③ 执行"偏移"命令,将轮廓线向右偏移 10、15,将水平中心线上下各偏移 15,如图 8-44 所示。

④ 执行"直线"命令,绘制水平轮廓线;执行"修剪"命令,修剪图形,如图 8-45 所示。

⑤ 执行"圆角"命令,设置圆角半径为 3,在边角创建圆角,如图 8-46 所示。

⑥ 根据三视图"高平齐"的原则,绘制孔的轮廓线,如图 8-47 所示。

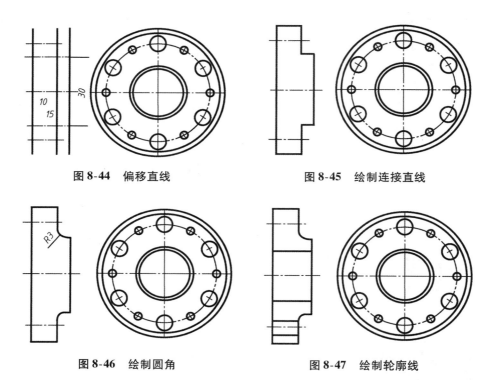

图 8-44   偏移直线   图 8-45   绘制连接直线

图 8-46   绘制圆角   图 8-47   绘制轮廓线

⑦ 执行"偏移"命令,偏移孔的中心线,并将偏移线切换到粗实线图层,如图 8-48 所示。

⑧ 执行"倒角"命令,对图形进行倒角,如图 8-49 所示。

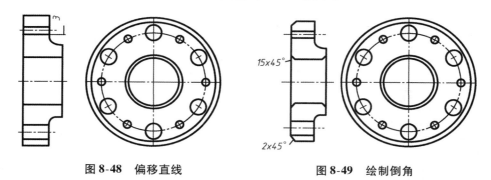

图 8-48   偏移直线   图 8-49   绘制倒角

⑨ 执行"直线"命令,绘制连接直线,如图 8-50 所示。

⑩ 执行"图案填充"命令,选择填充图案为"ANSI31",填充剖面线,如图 8-51 所示。

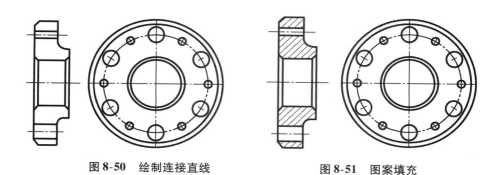

图 8-50　绘制连接直线　　　　　图 8-51　图案填充

4. 标注图形

① 执行"线性标注"命令,标注法兰盘的线性尺寸,如图 8-52 所示。

② 双击直径尺寸,在尺寸值前添加直径符号,如图 8-53 所示。

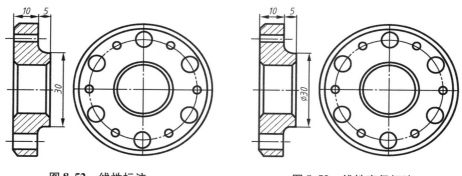

图 8-52　线性标注　　　　　图 8-53　线性直径标注

③ 执行"半径标注"命令和"直径标注"命令,标注圆角半径和圆的直径,如图 8-54 所示。

④ 执行"多重引线"命令,标注倒角尺寸,如图 8-55 所示。

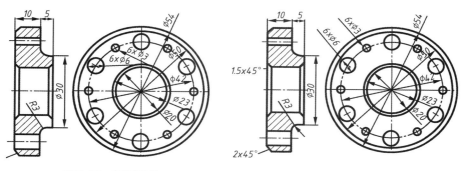

图 8-54　圆弧标注　　　　　图 8-55　倒角标注

⑤ 执行"多段线"命令,利用命令行中的"宽度"选项设置一定的线宽,绘制剖切箭头,然后利用"单行文字"命令输入剖切编号,如图 8-56 所示。

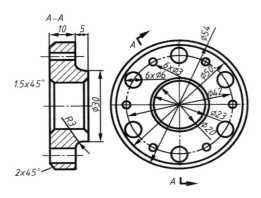

图 8-56　剖切标注

项目九　非回转体类零件图的识读与绘制

学习目标

- 熟悉非回转体类零件的作用、结构特点及表达方法。
- 掌握非回转体类零件图的识读与绘制方法。
- 能够应用 AutoCAD 绘制非回转体类零件图。

任务一　熟悉非回转体类零件的结构特点及表达方式

▶▶ 任务引导

非回转体类零件最为典型的是叉架类和箱体类零件。叉架类零件包括各种用途的拨叉、连杆、拉杆、支架等。拨叉、连杆、拉杆主要用于机器操纵系统等各种机构中,支架主要起支撑和连接作用。其结构较复杂,表达方式更多样。箱体类零件包括箱体、外壳、座体等,其作用是用来支承、包容、保护运动零件或其他零件。箱体类零件是组成机器或部件的主要零件,形状、结构复杂且加工位置变化多。

▶▶ 任务要求

熟悉非回转体类零件的作用、结构特点及表达方法。

▶▶ **任务实施**

一、叉(支)架类零件的结构特点及表达方式

1. 结构特点

叉(支)架类零件的结构和形状大都比较复杂,且相同的结构不多。这类零件多数由铸造或模锻制成毛坯后,经必要的机械加工而成。叉(支)架类零件的结构,一般可分为工作部分和联系部分。工作部分指该零件与其他零件配合或连接的套筒、叉口、支承板、底板等。联系部分指该零件各工作部分联系起来的薄板、筋板、杆体等。零件上常具有铸造或锻造圆角、拔模斜度、凸台、凹坑或螺栓孔、销孔等结构。

2. 表达方式

这类零件工作位置有的固定,有的不固定,加工位置变化也较大,一般按最能反映零件形状特征的方向作为主视图的投影方向。按自然摆放位置或便于画图的位置作为零件的摆放位置。除主视图外,一般还需 1~2 个基本视图才能将零件的主要结构表达清楚。常用局部视图或局部剖视图表达零件上的凹坑、凸台等结构。筋板、杆体等连接结构常用断面,凸台表示其断面形状。一般用斜视图表达零件上的倾斜结构。

如图 9-1 所示为拨叉零件,用来拨动变速齿轮。零件形状比较复杂,大多是锻件,肋及凸台等较多。拨叉的工作部分为上部叉口和下部套筒,联系部分为中部薄板、筋板。

拨叉零件的表达方案:主视图按形状特征或主要加工位置来表达,但其主要轴线或平面应平行或垂直于投影面。主视图表达了拨叉的工作部分即上部套筒的相互位置关系,采用全剖视图表达内部结构以及筋板的形状和薄板的厚度,再用一个左视图表达拨叉上部叉口、下部套筒以及中间连接薄板的外观形状,另外用一个移出断面图表达筋板的断面形状。

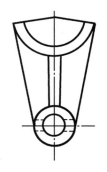

图9-1 拨叉零件

3. 叉(支)架类零件常见的工艺结构

(1)减少加工面积

零件与零件接触的表面一般都要加工。为了降低加工费用,保证零件接触良好,在允许的情况下,应尽量减少加工面积。常用的办法是:在零件表面做出凸台、凹坑或凹槽,如图 9-2 所示。

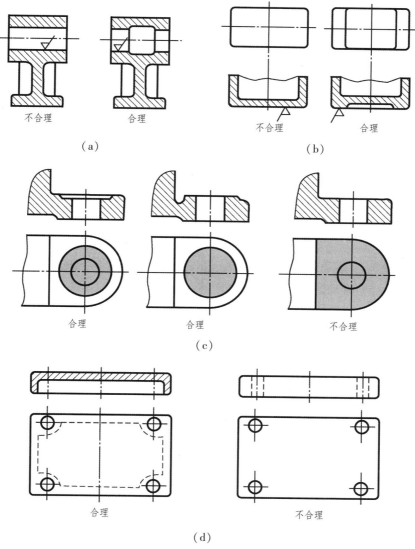

图 9-2　减少加工面积

（2）钻孔对零件结构的要求

需要钻孔的零件,设计时应保证钻头的轴线垂直于被钻孔零件的表面,并且不应有半悬空孔,否则不易钻入,使孔的位置不易钻准,甚至折断钻头。另外,还应留足钻孔的空间位置,便于钻孔。如图 9-3 所示为钻孔对零件结构的要求。

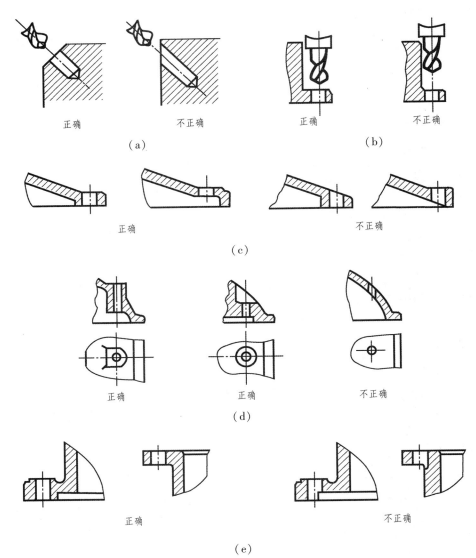

图 9-3　钻孔对零件结构的要求

二、箱体类零件的结构特点及表达方式

1. 结构特点

箱体类零件一般是机器的主体,起支承、包容、定位、密封和保护等作用。它将机器部件中的轴承、套和齿轮等零件按一定的相互位置关系装配在一起,按规定的传动关系协调地运动。因此,箱体类零件会影响机器的工作精度、使用性能和寿命。为了包容和支承机器上各零件和部件,箱体类零件一般外形较复杂,有一个较大的空腔。其毛坯多为铸件,结构形式多种多样,但还是有共同特点的。

① 这类零件起支承、包容其他零件的作用,常有内腔、轴承孔、凸台、肋等结构。

② 为使其他零件装在箱体上以及箱体再装在机座上,常有安装底板、安装螺孔等结构。

③ 为防止灰尘进入箱体及保证箱体内运动零件的润滑,箱壁部分常有安装箱盖、油标、油塞等零件的凸台、螺孔等结构。

2. 表达方式

通常以最能反映其形状特征及结构间相对位置的一面作为主视图的投影方向。以自然安放位置或工作位置作为主视图的摆放位置。常采用各种剖视图表达主要内部结构形状。

一般需要两个或两个以上的基本视图才能将其主要结构形状表示清楚,并以适当的剖视图表达主体内部的结构。通常采用通过主要支承孔轴线的剖视图表示其内部形状,对零件的外形也采用相应的视图表达清楚。由于铸造圆角较多,还要注意过渡线的画法。

一般要根据具体零件选择合适的视图、剖视图、断面图来表达其复杂的内部结构。

箱体上的一些小结构常用局部剖视图、局部视图、断面图、局部放大图表示。

如图 9-4 所示蜗轮减速箱箱体零件,该箱体主要呈左右对称,内腔结构复杂,外部有凸台、筋板等结构,视图表达方案如图 9-4 所示。

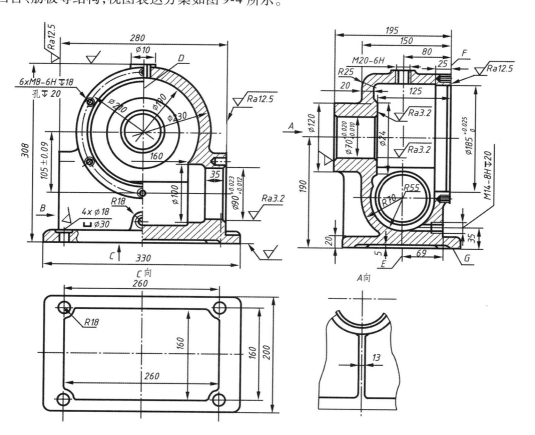

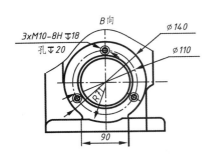

技术要求

1. 未注铸造圆角均为R10;
2. 未注倒角为C2。

材料: HT150

图 9-4　蜗轮减速箱箱体视图表达

① 主视图符合半剖视图的条件,采用了半剖视图,既表达了箱体的内部结构和形状,又表达了箱体的外部结构和形状。

② 左视图采用全剖视图,用以配合主视图,着重表达箱体内腔的结构和形状,同时表达了蜗轮的轴承孔、润滑油孔、放油螺孔、后方的加强筋板形状等。左视图旁边的局部移出断面表达了筋板的断面形状。

③ C 向视图,表达出底板的整体形状、底板上凹坑的形状及安装螺栓的四个通孔的大小及相对位置情况。

④ A 向局部视图,表达出蜗轮轴承孔下方筋板的位置和结构形状。

⑤ B 向局部视图,表达出蜗轮轴承孔端面螺孔的分布情况及底板上方左右端圆弧凹槽的情况。

任务二　识读零件图

▶▶ 任务引导

对叉架类零件标注尺寸时,通常选用轴线、安装面或零件的对称面作为尺寸基准,与其他零件的装配面表面结构和尺寸精度要求较高。

箱体类零件通常以底面为高度方向的主要尺寸基准,长度和宽度方向通常以重要端面或对称面为主要尺寸基准。箱体类零件一般通过底板安装在机器或部件上,因此其底面的表面结构要求较高。另外,箱体上的支承孔与所支承的零件间是配合关系,无论是尺寸精度还是表面结构要求都很高。

▶▶ 任务要求

能读懂非回转体类零件图;熟悉该零件图的视图表达、尺寸标注及技术要求等。

▶▶ **任务实施**

一、读拨叉零件图

读如图 9-5 所示的拨叉零件图，看懂其结构形状、尺寸要求、加工要求等。

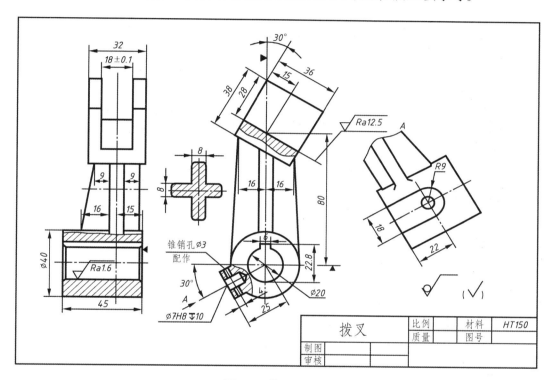

图 9-5　拨叉零件图

1. 结构分析

拨叉用来拨动变速齿轮，零件形状比较复杂。从图中可看出，拨叉的工作部分开有矩形槽，支持部分开有轴孔，连接部分有肋板结构。拨叉的结构如图 9-6 所示。

2. 表达分析

拨叉采用主、左视图两个基本视图，采用了局部剖视图表达了拨叉支持部分的轴孔及凸台、工作部分的矩形槽等结构；此外，用一个移出断面图表达连接板和肋板的结构和形状，用一个斜视图表达凸台的形状和位置。

图 9-6　拨叉轴测图

3. 尺寸和技术要求分析

以拨叉右端面为长度方向尺寸基准，直接注出 45、15、32、18±0.1。以前后对称面为宽度方向尺寸基准,高度方向以 $\phi40$ 圆柱轴线为基准,直接注出 80。

二、读铣刀头座体零件图

读如图 9-7 所示的铣刀头座体零件图,看懂其结构形状、尺寸大小、加工要求等。

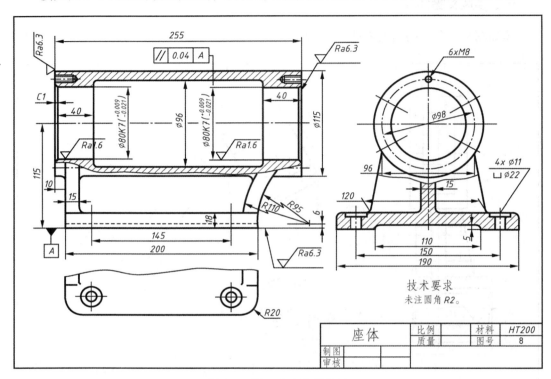

图 9-7 铣刀头座体零件图

1. 结构分析

座体在铣刀头部件中主要起支承轴的作用,座体的结构可分为四部分:上部为圆筒状,两端的轴孔支承轴承,轴孔直径与轴承外径一致,左右两端面上加工有螺纹孔(与端盖连接用),中间为圆形腔体(直接铸造不加工);下部是方形底板,有四个安装孔,为了安装平稳和减少加工面,底板下部开通槽;座体的上、下两部分之间是连接板和肋板。由此可想象出座体的结构,如图 9-8 所示。

图 9-8 座体轴测图

2. 表达分析

该零件图共采用了三个视图,主视图按工作位置放置,采用通过支承孔轴线的局部剖视,表达座体的形状特征和腔体结构。左视图采用局部剖视,表达圆筒端面上螺纹孔的分布情况、连接板的形状、肋板的厚度、底板上沉孔和通槽的形状。底板上沉孔和安装孔的位置则通过局部视图表示。

3. 尺寸和技术要求分析

箱体类零件通常以底面为高度方向的主要尺寸基准,如图 9-7 中直接注出的中心高 115,底板厚度 18 等尺寸均从座体底面注起。长度和宽度方向通常以重要端面或对称面为主要尺寸基准,如图 9-7 中的主视图,从圆筒的左、右端面出发,直接注出轴孔的长度尺寸 40。左视图中的 110、150、190 是以座体前后对称面为基准标注的,其中 150 是安装孔宽度方向的定位尺寸。

箱体类零件通常通过底板安装在机器或部件上,因此其底板的表面结构要求较高,如图 9-8 中座体底面的表面粗糙度 Ra 为 6.3 μm。另外,箱体上的支承孔与所支承的零件间是配合关系,不论是尺寸精度还是表面结构要求都很高,如座体两端的轴孔与轴承形成过渡配合,公差带代号为 K7,其表面粗糙度参数 Ra 为 1.6 μm。圆筒左右两端面在装配时与端盖接触,具有较高的表面结构要求,Ra 为 6.3 μm。

任务三　应用 AutoCAD 绘制非回转体类零件图

▶▶ 任务引导

建立合适图幅,根据该类零件的结构特点和图形特点,选择合适的绘图与编辑命令,按 1:1 比例绘制非回转体类零件图。

▶▶ 任务要求

熟悉 AutoCAD 常用的绘图与编辑功能,掌握尺寸及技术要求的标注方法。

▶▶ 任务实施

一、绘制拨叉零件图

绘制如图 9-5 所示的拨叉零件图。

1. 读图分析

图 9-5 所示拨叉零件图采用了主视图和左视图两个基本视图,反映了拨叉工作部分、支持部分及连接部分等主要结构的形状和相对位置关系。移出断面配置在剖切线的延长线上,表达了连接板和肋板的截面形状。斜视图表达了拨叉后下方凸台的形状和位置。

根据图形特点,画图时可先画出左视图,合理设置极轴追踪角度,有助于快速准确地绘图。

2. 绘图步骤

① 设置绘图环境。创建 A4 图幅,设置图层,设置文字样式,设置尺寸标注样式,绘制图框和标题栏。

② 绘制视图。绘制过程如下:

a. 调用"直线""圆""偏移""修剪"等命令绘制拨叉左视图的主要轮廓,如图 9-9(a)所示。绘制倾斜轮廓时将极轴追踪角设置为 30°。

b. 调用"直线""偏移""镜像"等命令绘制拨叉主视图,如图 9-9(b)所示。利用对象捕捉追踪功能保证主、左视图高平齐。

c. 调用"直线""圆角""样条曲线""图案填充"等命令绘制断面图,并完成三处局部剖视图波浪线的绘制及图案填充,如图 9-9(c)所示。

d. 调用"直线""圆""偏移""修剪"等命令绘制拨叉斜视图,如图 9-9(d)所示。

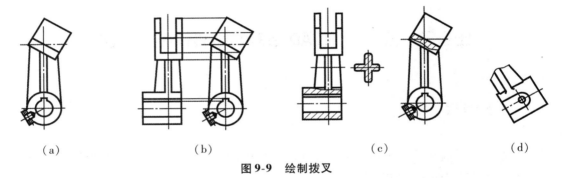

(a)　　　　　　　(b)　　　　　　　(c)　　　　　　　(d)

图 9-9　绘制拨叉

③ 标注尺寸。调用"线性""对齐""直径""半径""角度"等标注命令标注拨叉尺寸,如图 9-5 所示。

④ 标注表面结构代号。

⑤ 检查,存盘。

二、绘制铣刀头座体零件图

绘制如图 9-7 所示的铣刀头座体零件图。

1. 读图分析

图 9-7 所示座体零件图采用了主视图、左视图两个基本视图,表达了座体的外形及腔体结构、连接板的形状、肋板的位置及厚度、底板上沉孔和通槽的形状。局部视图表达了底板的形状。根据图形特点,画图时可先画主视图,使用"构造线"命令有助于快速方便地绘图。

2. 绘图步骤

① 设置绘图环境。创建 A3 图幅,设置图层,设置文字样式,设置尺寸标注样式,绘制

图框和标题栏。

②绘制视图。绘制过程如下：

a. 绘制基准线。用"直线""偏移"命令绘制基准线，如图 9-10 所示。

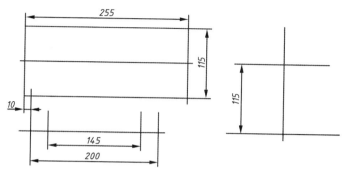

图 9-10　绘制基准线

b. 绘制圆筒。用"偏移""修剪"命令绘制主视图及左视图上半部分。用"圆"命令绘制 ϕ115 圆和 ϕ80 圆。对称图形可只画一半，另一半用"镜像"命令复制，结果如图 9-11 所示。

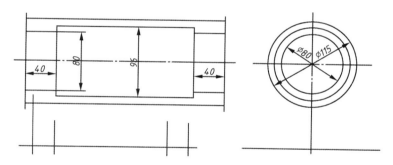

图 9-11　绘制圆筒

c. 绘制底板、肋板和连接板。先绘制左视图下半部分左侧图形，用镜像命令复制出右侧图形，然后绘制主视图下半部分图形，注意投影关系，如图 9-12 所示。

d. 绘制圆弧形连接板。作辅助线 AB，以 A 点为圆心，以 95mm 为半径作辅助圆，确定圆心 O，以 O 点为圆心，绘制 R110mm、R95mm 两段圆弧，如图 9-13 所示。

e. 绘制 M8 螺纹孔、波浪线，添加倒角、圆角等细节。用"直线"命令绘制螺纹孔，用"倒角"命令绘制主视图两端倒角，用"圆角"命令绘制铸造圆角，用"样条曲线"命令绘制波浪线。结果如图 9-14 所示。

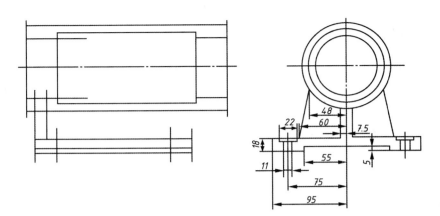

图 9-12　绘制底板、肋板和连接板

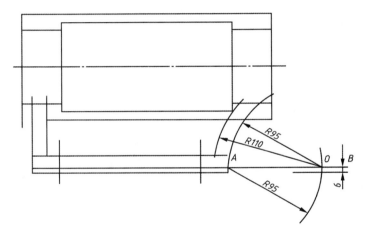

图 9-13　绘制圆弧形连接板

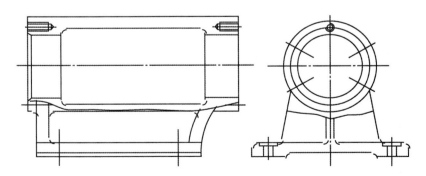

图 9-14　绘制 M8 螺纹孔、波浪线,添加倒角、圆角等细节

　　f. 绘制局部视图,绘制剖面线,更改线型。用"直线""圆"命令绘制局部视图,用"图案填充"命令绘制剖面线,并将图中各图线分别置于相应的图层,使其线型分别更改为相应的粗实线、细实线、中心线和虚线,如图 9-15 所示。

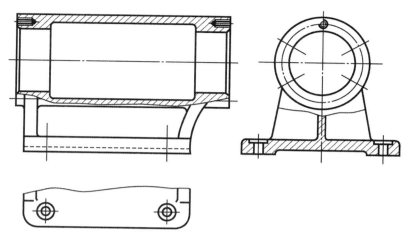

图 9-15　绘制局部视图

③ 标注尺寸及技术要求。

④ 检查,存盘。

拓展练习

1. 如图 9-16 所示的阀体零件的视图如何表达?

图 9-16　阀体零件的视图表达

图 9-17　叉架

2. 试根据图 9-17 所示叉架的结构特点,选择合适的表达方案。

3. 根据图 9-18 所示泵体的结构特点,正确选择视图及表达方法,根据泵体的作用选择合适的表面粗糙度参数、尺寸公差等,完成泵体的零件草图,可不标注具体尺寸数字。

图 9-18　泵体

4. 建立 A3 图幅,按 1:1 比例绘制如图 9-19 所示托脚的零件图。

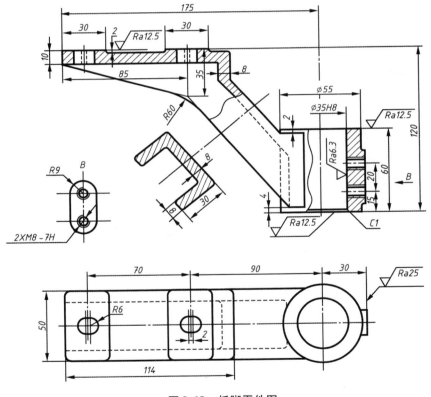

图 9-19　托脚零件图

5. 建立 A3 图幅,按 1:1 比例绘制如图 9-20 所示泵体的零件图。

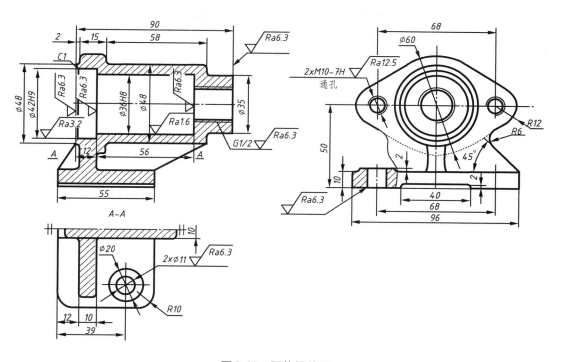

图 9-20 泵体零件图

项目十 装配图的识读与绘制

装配图是表达机器或部件的图样,主要表达其工作原理和装配关系。在设计、制造机器(或部件)过程中,首先要求画出装配图,以表明其工作原理、零件间的装配关系、主要零件的结构和形状、技术要求等,以便对其中的零件进行设计并正确画出零件图。在装配过程中,根据装配图按一定顺序把各种零件装配成机器(或部件)。同样,在机器的调试、操作和检修过程中,装配图是反映设计思想、指导装配、使用机器及进行技术交流的重要技术文件。本项目主要分析装配图的视图表达、尺寸标注和有关设计、工艺结构问题,以及绘制、阅读装配图的方法、步骤,并结合典型部件,进行结构分析,了解工作原理,明确装配关系,从而提高对装配图的识读、绘制能力,进一步综合、归纳和运用机械制图的各项知识。

学习目标

- 了解装配图的作用和内容,识读装配图的零部件编号与明细表。
- 掌握装配图的表达方法(规定画法和特殊表达方法)。
- 掌握装配图的识读方法。

任务一 掌握装配图的作用和内容

▶▶ 任务引导

介绍装配图在工程中的作用和装配图的内容。

▶▶ 任务要求

掌握一张完整装配图的内容。

▶▶ 任务实施

一、装配图的内容

1. 一组视图

一组视图用来表达机器或部件的工作原理、零件间的装配关系、连接方式及主要零件的结构形状等。

如图 10-1 所示,联轴器装配图主视图采用全剖视图,表达联轴器的全部零件和零件间的装配关系;左视图表达左半联轴器的形状以及三个连接螺栓的位置。

2. 必要的尺寸

在装配图中,必须标注出与机器或部件的性能、规格、装配和安装有关的尺寸。

3. 技术要求

用符号、代号或文字说明装配体在装配、安装、调试等方面应达到的技术指标即技术要求。由于装配体的性能、用途各不相同,其技术要求也不同。

4. 标题栏、零件序号及明细栏

在装配图上,必须对每个零件编号,并在明细栏中依次列出零件序号、代号、名称、数量、材料等,以便统计零件数量,安排生产的准备工作。同时,在看装配图时,也是根据零件序号查阅明细表,了解零件名称、材料和数量等,以利于看图和图样管理。

标题栏中,写明装配体的名称、图号、绘图比例以及有关人员的签名等。标题栏和明细栏的格式在国家标准 GB/T 10609.1—2008、GB/T 10609.2—2009 中已有规定。教学时作业可采用简化的标题栏和明细表。

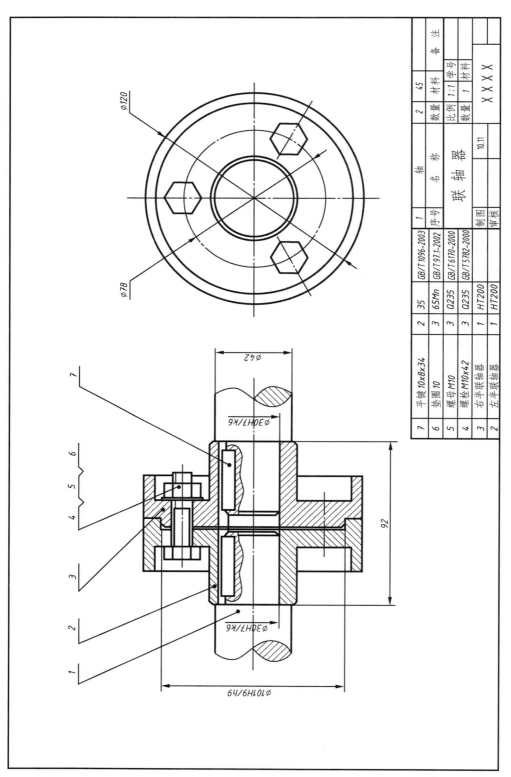

7	平键 10×8×34	2	35	GB/T 1096-2003	1	序号				
6	垫圈 10	3	65Mn	GB/T 97.1-2002				名 称	数量	材料	材料号	备注
5	螺母 M10	3	Q235	GB/T 6170-2000						
4	螺栓 M10×42	3	Q235	GB/T 5782-2000		轴			2	45	
3	右半联轴器	1	HT200							
2	左半联轴器	1	HT200							

联 轴 器

名 称	轴	数量	2	材料 45	材料号
	联 轴 器		比例 1:1	
		10.11	数量 1	材料
制图			X X X X	
审核				

图10-1 联轴器装配图

二、零件序号及其编排方法

如图 10-1 所示,在装配图中每个零件的可见轮廓范围内画一个小黑点,用细实线引出指引线,并在其末端的横线(画细实线)上注写零件序号。若所指的零件很薄或涂黑,可用箭头代替小黑点。

相同的零件只对其中一个进行编号,其数量写在明细栏内。一组紧固件或装配关系清楚的零件组,可采用公共的指引线编号,如图 10-1 中的 4、5、6 的形式。

各指引线不能相交,当通过剖面区域时,指引线不能与剖面线平行。指引线可画成折线,但只可曲折一次。

零件序号应按顺时针或逆时针方向顺序编号,并沿水平和垂直方向排列整齐。

三、明细表

明细表是机器或部件中全部零件的详细目录,画在装配图右下角标题栏的上方,栏内分格线为细实线,左边外框线为粗实线,栏中的编号与装配图中的零、部件序号必须一致。填写内容应遵守下列规定:

① 零件序号应自下而上。位置不够时,可将明细栏顺序画在标题栏的左方,如图 10-1 所示。

② "代号"栏内应注出每种零件的图样代号或标准件的标准代号。如果明细表中没有此项,可以把零件代号和标准代号标注在"备注"栏中。

③ "名称"栏内应注出每种零件的名称,若为标准件,应注出规定标记中除标准号以外的其余内容,如螺栓 M10×42。对齿轮、弹簧等具有重要参数的零件,还应注出参数。

④ "材料"栏内填写制造该零件所用的材料标记,如 HT200。

⑤ "备注"栏内可填写必要的附加说明或其他有关的重要内容,如齿轮的齿数、模数等。

任务二 掌握装配图中的规定画法和特殊表达方式

▶▶ 任务引导

主要介绍装配图中常用的规定画法和特殊表达方法。

▶▶ 任务要求

要求能掌握装配图中的规定画法,能识读特殊表达方法。

▶▶ 任务实施

零件图中的各种表示法（视图、剖视图、断面图等）同样适用于装配图，但装配图着重表达装配体的结构特点、工作原理以及各零件间的装配关系。针对这一特点，国家标准制定了装配图的规定画法和特殊画法。

1. 装配图的规定画法

① 实心零件画法。在装配图中，对于紧固件以及轴、键、销等实心零件，若按纵向剖切，且剖切平面通过其对称平面或轴线时，这些零件均按不剖绘制。如果需要特别表明这些零件上的局部结构，如凹槽、键槽、销孔等，可用局部剖视表示。

② 相邻零件的轮廓线画法。两相邻零件的接触面或配合面，只画一条共有的轮廓线；不接触面和不配合面，分别画出两条各自的轮廓线。

③ 相邻零件的剖面线画法。相邻的两个（或两个以上）金属零件，剖面线的倾斜方向应相反，或者方向一致而间隔不等，以示区别。

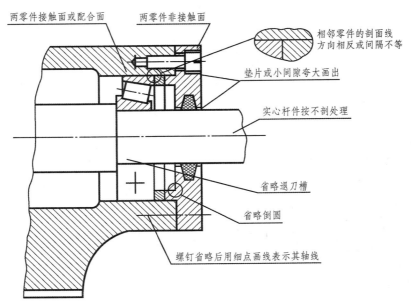

图 10-2　装配图的规定画法和简化画法

2. 装配图的特殊画法

（1）简化画法

① 在装配图中，零件的工艺结构如倒角、圆角、退刀槽等允许省略不画。

② 装配图中对于规格相同的零件组（如螺钉连接），可详细地画出一处，其余用细点画线表示其装配位置。

③ 在装配图中,当剖切平面通过某些标准产品的组合件,或该组合件已由其他视图表示清楚时,允许只画出外形轮廓,如图 10-3 所示。

④ 沿零件的结合面剖切和拆卸画法。

⑤ 单独表示某个零件的画法。在装配图中可以单独画出某一零件的视图,但必须在所画视图的上方注出该零件的视图名称,在相应的视图附近用箭头指明投射方向,并注写同样的字母。

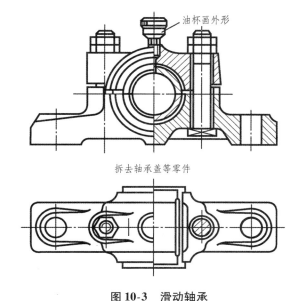

图 10-3　滑动轴承

（2）特殊画法

① 夸大画法。在装配图中,对于薄片零件或微小间隙以及较小的斜度和锥度,无法按其实际尺寸画出,或图线密集难以区分时,可将零件或间隙适当夸大画出。

② 假想画法。为了表示运动零件的运动范围或极限位置,可用粗实线画出该零件的轮廓,再用细双点画线画出其运动范围或极限位置。

③ 展开画法。在传动机构中,为了表示传动关系及各轴的装配关系,可假想用剖切平面按传动顺序沿各轴的轴线剖开,将其展开、摊平后画在一个平面上(平行于某一投影面),如图 10-4 所示。

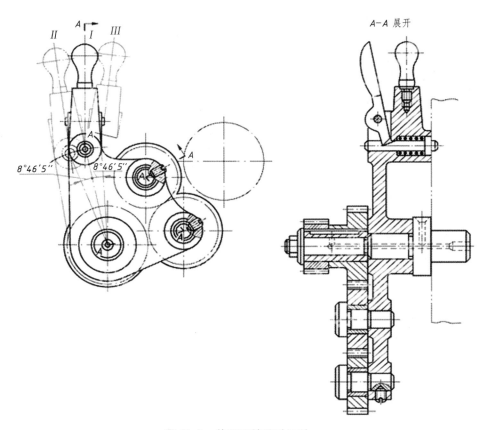

图 10-4 装配图的特殊画法

3. 常见装配结构

（1）接触面与配合面的结构

① 两个零件在同一方向上只能有一个接触面和配合面，如图 10-5（a）、（b）、（c）所示。

② 为保证轴肩端面与孔端面接触，可在轴肩处加工出退刀槽，或在孔端面加工出倒角，如图 10-5（d）所示。

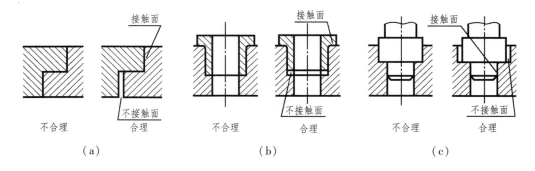

（a）　　　　　　　　　　　（b）　　　　　　　　　　　（c）

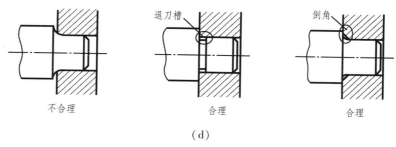

图 10-5　常见装配结构

（2）密封装置

为防止机器或部件内部的液体或气体向外渗漏,同时也避免外部的灰尘、杂质等侵入,必须采用密封装置。如图 10-6 所示为典型的密封装置,通过压盖或螺母将填料压紧而起防漏作用。

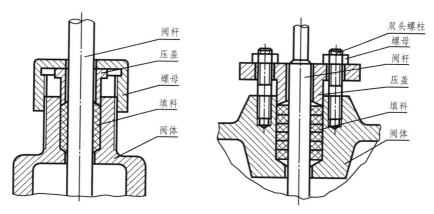

图 10-6　密封装置

（3）防松装置

机器或部件在工作时,由于受到冲击或振动,一些紧固件可能产生松动现象。因此,在某些装置中需采用防松结构(图 10-7)。

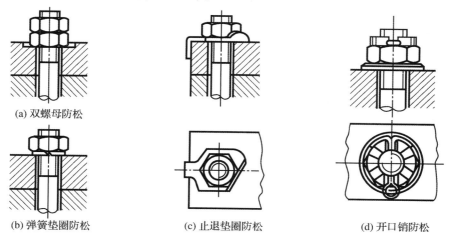

图 10-7　防松装置

任务三 读装配图

▶▶ 任务引导

主要介绍识读装配图的步骤和方法。

▶▶ 任务要求

掌握装配图的识读方法。

▶▶ 任务实施

在产品设计、安装、调试、维修及技术交流时，都需要识读装配图。不同工作岗位的技术人员，读装配图的目的和内容有不同的侧重和要求。有的仅需了解机器或部件的工作原理和用途，以便选用；有的为了维修而必须了解部件中各零件之间的装配关系、连接方式、装拆顺序；有时对设备修复、革新改造，还要拆画部件中某个零件，需要进一步分析并看懂该零件的结构形状以及有关技术要求等。

1. 读装配图的基本要求

① 了解部件的工作原理和使用性能。

② 弄清各零件在部件中的功能、零件间的装配关系和连接方式。

③ 读懂部件中主要零件的结构形状。

④ 了解装配图中标注的尺寸以及技术要求。

下面以图 10-8 所示齿轮油泵装配图为例，说明识读装配图的方法和步骤。

2. 概括了解

① 由标题栏和明细表了解到齿轮油泵由泵体、左右端盖、传动齿轮轴和齿轮轴等 15 种零件装配而成。按明细栏中每个零件的序号，找到它们在装配图中的位置。

② 齿轮油泵装配图用两个视图表达，主视图采用全剖视图，表达油泵的主要装配关系；左视图沿左端盖与泵体结合面半剖，反映了油泵的外部形状和一对齿轮的啮合情况。进油孔的结构用局部剖视图表达。

3. 分析工作原理和装配关系

（1）了解部件的工作原理

如图 10-8 所示，外力通过传动齿轮 11、键 14 传给传动齿轮轴 3，产生旋转运动。当传

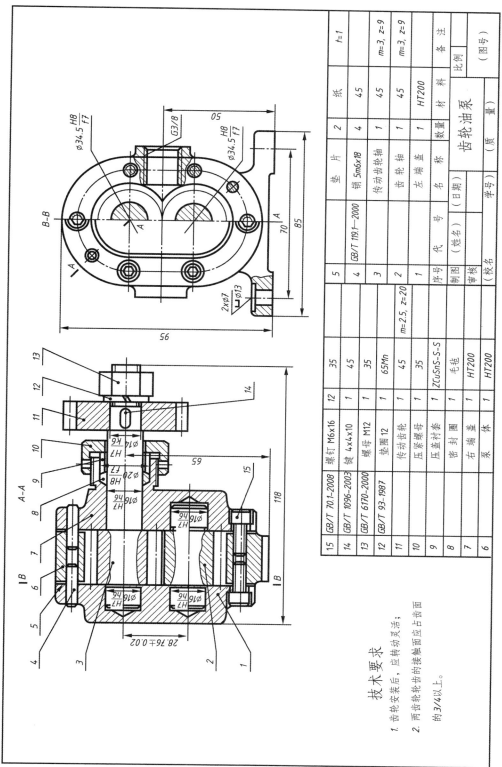

技术要求
1. 齿轮安装后，应转动灵活；
2. 两齿轮齿面的接触面应占齿面的 3/4 以上。

图10-8　齿轮油泵装配图

15	GB/T 70.1-2008	螺钉 M6×16	12	35
14	GB/T 1096-2003	键 4×4×10	1	45
13	GB/T 6170-2000	螺母 M12	1	35
12	GB/T 93-1987	垫圈 12	1	65Mn
11		传动齿轮	1	45
10		压盖螺母	1	35
9		压盖衬套	1	ZCuSnS-S-S
8		密封圈	1	毛毡
7		右端盖	1	HT200
6		泵体	1	HT200
5		垫片	2	纸	t=1
4	GB/T 119.1-2000	销 5m6×18	4	45
3		传动齿轮轴	1	45	m=3, z=9
2	m=2.5, z=20	齿轮轴	1	45	m=3, z=9
1		左端盖	1	HT200
序号	代号	名称	数量	材料	备注

			齿轮油泵		比例	
制图	（姓名）	（日期）			（质量）	（图号）
审核						
（校名）					

动齿轮轴(主动轮)按逆时针方向旋转,齿轮轴2(从动轮)则按顺时针方向旋转,如图10-8所示。此时齿轮啮合区右边的压力降低,油池中的油在大气压力作用下,沿吸油口吸入泵腔内,随着齿轮的旋转,齿槽中的油不断沿箭头方向被带至左边压油口把油压出,送至机器需要润滑的部分。

(2) 分析部件的装配关系

如图10-8所示,齿轮油泵有两条装配干线(组装在同一轴线上的一系列相关零件称为装配干线),传动齿轮轴3装在泵体6的孔内,轴的伸出端装有密封圈8、压盖衬套9、压紧螺母10等。另一条是从动齿轮系统,齿轮轴2装在泵体和左右端盖孔内,与传动齿轮轴啮合在一起。

(3) 分析零件的配合关系

凡是配合的工作面,都要看清基准制、配合种类、公差等级等。传动齿轮轴与左右端盖之间的配合尺寸为 ϕ16H7/h6,属基孔(或基轴)制间隙配合,孔的公差等级为 7 级,轴的公差等级为6级。压盖衬套与右端盖的配合尺寸为 ϕ20H8/f7,属基孔制间隙配合。齿轮齿顶圆与泵体内腔配合为 ϕ34.5H8/f7,属基孔制间隙配合。

(4) 分析零件的连接方式

看清部件中各零件之间的连接方式。油泵的左、右端盖与泵体通过六个内六角螺钉连接,并用两个圆柱销准确定位。密封圈8用压盖衬套9压紧并用压紧螺母10连接在泵体上。传动齿轮11通过键14与传动齿轮轴连接,其轴向定位是靠轴肩和弹簧垫圈12,并用螺母13连接在轴上。

4. 装配体的结构分析

分析零件时,首先根据不同方向或不同间隔的剖面线,划定各零件的轮廓范围,并结合该零件的功能来分析零件的结构和形状。如图10-9所示,泵体的左、右端盖,从主视图可看出,它们与泵体装配在一起,将一对齿轮轴密封在泵腔内,同时对齿轮轴起支承作用。左端盖设有两个轴颈的支承孔(盲孔),右端盖上部有传动齿轮轴穿过(通孔),下部有齿轮轴轴颈的支承孔(盲孔)。右端盖右部凸缘的外圆柱面上有螺纹,与压紧螺母连接。由左视图看出,端盖为长圆形,沿周围分布有六个具有沉孔的螺钉和两个圆柱圆销。

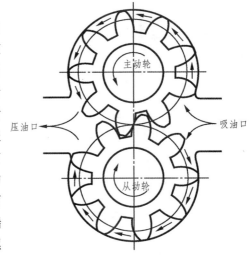

图 10-9 齿轮油泵工作原理